无线传感器网络技术研究与应用

刘志宇 著

北 京

冶 金 工 业 出 版 社

2021

内 容 提 要

本书在介绍无线传感器网络的基本知识、安全技术的基础上，深入分析了现有几种典型的无线传感器网络密钥管理方案，总结现有方案的不足，在原有方案 LKH 及分簇 WSN 密钥管理方案基础上进行了扩展，同时对无线传感器网络密钥管理技术和路由算法的相关技术进行了研究。最后，对无线传感器网络在各个领域中的应用进行了介绍。

本书可供从事物联网研究与产品研发的技术人员阅读，同时也可供计算机与信息技术相关专业的学生阅读。

图书在版编目（CIP）数据

无线传感器网络技术研究与应用/刘志宇著 . —北京：
冶金工业出版社，2019. 8（2021. 3 重印）
ISBN 978-7-5024-8230-5

Ⅰ. ①无…　Ⅱ. ①刘…　Ⅲ. ①无线电通信—传感器—
计算机网络—研究　Ⅳ. ①TP212

中国版本图书馆 CIP 数据核字（2019）第 176580 号

出 版 人　苏长永
地　　址　北京市东城区嵩祝院北巷 39 号　邮编　100009　电话　（010）64027926
网　　址　www.cnmip.com.cn　电子信箱　yjcbs@cnmip.com.cn
责任编辑　夏小雪　美术编辑　彭子赫　版式设计　禹　蕊
责任校对　郭惠兰　责任印制　李玉山
ISBN 978-7-5024-8230-5

冶金工业出版社出版发行；各地新华书店经销；北京建宏印刷有限公司印刷
2019 年 8 月第 1 版，2021 年 3 月第 2 次印刷
169mm×239mm；9.75 印张；188 千字；145 页
47. 00 元

冶金工业出版社　投稿电话　（010）64027932　投稿信箱　tougao@cnmip.com.cn
冶金工业出版社营销中心　电话　（010）64044283　传真　（010）64027893
冶金工业出版社天猫旗舰店　yjgycbs.tmall.com
（本书如有印装质量问题，本社营销中心负责退换）

前　言

无线传感器网络被称为21世纪最具影响的技术之一，是改变世界的十大新兴技术之首，是全球未来的四大高新技术产业之一，引起了全世界的关注，被认为是继互联网之后的第二大网络。无线传感器网络（Wireless Sensor Network，WSN）近年来在军事、医疗、环境监测等领域中得到了广泛的应用，并吸引了日益增多的研究者。在无线传感器网络研究及其应用方面，我国与发达国家几乎同步启动，它已经成为我国信息领域位居世界前列的少数项目之一。

与传统网络有所不同，无线传感器网络是一个由许多随机部署的微型传感器节点经过多跳、自组织方式形成的网络结构，传感器节点间彼此配合以实时的观察、感知并采集特定区域内的数据。由于无线传感器网络经常布置在人们无法抵达的恶劣环境甚至是敌方战区中，因此网络的安全性得到了更多的重视，密钥管理作为提供安全服务的重要手段，在消息的加密和身份认证中起着非常重要的作用，目前已经成为信息技术领域的研究热点之一。

本书共分为5章，内容包括无线传感器网络的基本知识，内含无线传感器网络的定义、组成、拓扑结构、特点及与无线自组织网络的区别、所面临的挑战等；无线传感器网络安全技术介绍；无线传感器网络密钥管理方案研究，深入分析了现有几种典型的无线传感器网络密钥管理方案；总结现有方案的不足，在原有方案LKH及分簇WSN密钥管理方案基础上进行了扩展；同时，对无线传感器网络密钥管理技术和路由算法的相关技术进行了研究；最后，对无线传感器网络在各个领域中的应用进行了介绍。

本书可供从事物联网研究与产品研发的技术人员阅读，同时也可供计算机与信息技术相关专业的学生阅读。

本书在编写过程中得到了牡丹江医学院的马宝英同志以及牡丹江师范学院曹望成、范书平、邢军等同志的精心帮助和指点，他们为本书的完成起到了重要的作用，在此表示由衷的感谢。本书的出版受到牡丹江师范学院一般项目（项目编号：YB2018005）和黑龙江省省属高等学校基本科研业务费科研项目（项目编号：1353MSYQN007）的资助。由于作者学识有限，书中对某一方面的技术理解或不准确，总结中出现挂一漏万的问题在所难免，恳请广大读者不吝赐教。

著　者

2019 年 5 月

目　录

1 无线传感器网络

〰〰〰〰〰〰〰〰〰〰〰〰〰〰〰〰〰〰〰〰〰〰〰〰〰〰〰〰〰〰〰〰〰〰

也许无线传感器网络对于我们大多数人来说，还很陌生，但其实它已经是二十多岁的"青年人"，只是一开始它就在军事与特种领域"服役"。现在它已经"转业"到地方，成为我们感知物理世界的网络——无线传感器网络的神经末梢。泛在化的感知能力是无线传感器网络的重要特征。支持无线传感器网络覆盖范围泛在化的技术是无线网络。本章在系统介绍无线网络基本概念、分类与特点的基础上，重点讨论无线传感器网络末梢神经——无线传感网络的概念、特点与应用。

1.1 无线网络的基本概念

1.1.1 无线网络技术的分类

无线网络是网络技术研究与发展的另一条主线，它的研究、发展与应用将对21 世纪信息技术与产业发展产生重要的影响。从是否需要基础设施的角度来看，无线网络技术可以分为两大类：基于基础设施的无线网络与无基础设施的无线网络。

1.1.2 无线分组网与无线自组网

1972 年在美国国防部高级研究计划署启动 ARPANET 的研究计划后，又启动将分组交换技术移植到军用无线分组网（Packet Radio NETwork，PRNET）的项目。该项目研究战场环境中无线分组交换技术在数据通信中的应用。无线分组网的研究成果为无线自组网的发展奠定了良好的基础。

在无线分组网项目结束后，DARPA（美国国防高级研究计划局）认为尽管无线分组网的可行性得到验证，但还是不能支持大型网络环境的需要，无线移动自组网络还有几个关键技术没有解决。在这样的背景下，DARPA 在 1983 年启动残存性自适应网络（SURvivable Adaptive Network，SURAN）项目。该项目研究如何将无线分组网技术用于支持更大规模的网络，并开发能适应战场快速变化的自适应网络协议。在无线分组网的基础上发展起来的无线自组网是一种特殊的自组织、对等式、多跳、无线移动网络，在军事、特殊应用领域有重要的应用前景。20 世纪 70 年代末，美国海军研究实验室完成短波自组织网络（HF-ITF）系统的研究。该系统是采用跳频方式组网的低速无线自组网络。HF-ITF 使用短波频段，采用随机信道访问控制方法，可以将 500 公里范围内的舰只、飞机、潜艇组成一个无线移动自组网络。

1994 年美国 DARPA 启动全球移动信息系统（Globel Mobile Information System，GloMo）计划。GloMo 计划的研究范围几乎覆盖无线通信的所有相关领域。其中，无线自适应移动信息系统（WAMIS）是在无线分组网的基础上，研究的一种在多跳、移动环境下支持实时多媒体业务的高速分组无线网。另一个与无线自组网有关的项目是启动于 1996 年的 WINGs 研究，其主要目标是如何将无线移动自组网与互联网无缝连接。

1.1.3　无线自组网与无线传感器网络

IEEE 将无线自组网的网络定义为一种特殊的自组织、对等式、多跳、无线移动网络，称为移动无线自组网络（Mobile Adhoc NETwork，MANET），它是在无线分组网的基础上发展起来的。无线传感器网络的研究起步于 20 世纪 90 年代末期，随着无线自组网技术的日趋成熟，无线通信、微电子、传感器技术也得到快速发展，如何在军事领域中将无线自组网与传感器技术结合起来的研究课题被提出，即开始了无线传感器网络的研究。无线传感器网络可以用于对敌方兵力和装备的监控，战场的实时监视，目标的定位、战场评估以及对核攻击和生物化学攻击的监测和搜索。

近年来，无线传感器网络引起学术、军事和工业界的极大关注，美国和欧洲相继启动很多有关无线传感器网络的研究计划。无线传感器网络研究将涉及传感器、微电子芯片制造、无线传输、计算机网络、嵌入式计算、网络安全与软件等技术，是一个必须由多个学科专家参加的交叉学科研究领域。

1.1.4　无线自组网与无线网状网

无线自组网技术逐渐成熟并进入实际应用阶段时，通常还是局限于军事领域，在民用领域应用无线自组网技术还只是一个研究课题。人们很快就发现，如果将无线自组网技术作为无线局域网与无线城域网等无线接入技术的一种补充，应用于互联网无线接入网中，是一个很有发展前途的课题。在这样的背景下，开始了无线网状网技术的研究。无线网状网（Wireless Mesh Network，WMN）是无线自组网在接入领域的一种应用。WMN 也称为无线网格网，它作为对无线局域网、无线城域网技术的补充，将成为解决无线接入"最后一公里"问题的重要技术手段。

目前，无线自组网技术向两个方向发展的趋势已经清晰，一个是向军事和特定行业发展和应用的无线传感器网络；另一个是向民用的接入网领域发展的无线网状网。由于无线网络问题的研究涉及多个学科领域，本章主要介绍与网络技术相关的研究工作。

1.2　无线局域网与协议

1.2.1　无线局域网的应用领域

随着无线局域网技术的发展，人们越来越深刻地认识到，无线局域网不仅能够满足移动和特殊应用领域网络的要求，还能覆盖有线网络难以涉及的范围。它们主要有以下两个方面：

（1）作为传统局域网的扩充。传统的局域网用非屏蔽双绞线实现10Mbps，甚至更高速率的传输，使得结构化布线技术得到广泛应用。很多建筑物在建设过程中已预先布好双绞线，但是在某些特殊的环境中，无线局域网却能发挥传统局域网起不到的作用，例如在建筑物群之间、工厂建筑物之间的连接，股票交易等场所的活动结点，以及不能布线的历史古建筑，临时性的大型报告会与展览会。在上述的情况中，无线局域网提供一种更有效的联网方式。在大多数情况下，传统的局域网用来连接服务器和一些固定的工作站，而移动和不易于布线的结点可以通过无线局域网接入。

（2）特殊无线网络。无线自组网络采用不需要基站的"对等结构"移动通信模式，该网络中没有固定的路由器，它的所有用户都可以移动，并且支持动态配置和动态流量控制；每个系统都具备动态搜索、定位和恢复连接的能力。这些行为特征可以用"移动分布式多跳无线网络"或"移动的网络"来描述。例如，员工每人有一个带有天线的笔记本，他们被召集在一间房间里开会，计算机可以连接到一个暂时的网络，会议完毕后网络将不再存在。

1.2.2　无线局域网协议

1987年，IEEE 802.4组开始进行无线局域网的研究。最初的目标是希望开发一个基于无线网令牌总线协议。在进行一段时间的研究后，发现令牌总线并不适合于无线电信道。在1990年，IEEE 802委员会成立新的802.11工作组，专门从事无线局域网的研究，并开发一个无线信道访问控制子层协议和物理介质标准。1997年形成第1个无线局域网标准802.11，以后又出现两个扩展版本。802.11定义使用红外、跳频扩频与直接序列扩频技术，数据传输速率为1Mbps或2Mbps的无线局域网标准。802.11b定义使用跳频扩频技术，传输速率为1Mbps、2Mbps、5.5Mbps与11Mbps的无线局域网标准。802.11a将传输速率提高到54Mbps。无线局域网是当前网络研究的一个热点问题，当前802.11标准已从802.11b、802.11a发展为802.11j，对多种频段无线传输技术的物理层、MAC层、无线网桥，以及QoS管理、安全与身份认证做出一系列的规定。致力于WLAN技术推广的Wi-Fi联盟是由业界成员参加，它的作用是促进802.11无线局域网标准的推广与应用。

1.3   无线城域网与 IEEE 802.16 协议

1.3.1   宽带无线接入的基本概念

802.11 无线局域网作为局域网接入方式的一种补充，已在个人计算机无线接入中发挥重要作用。在无线通信技术应用广泛的背景下，如何在城域网中应用无线通信技术的课题就被提出。对于城市区域的一些大楼、分散的社区，架设电缆与铺设光纤的费用往往要大于架设无线通信设备，人们开始研究在市区范围的高楼之间利用无线通信手段解决局域网、固定或移动的个人用户计算机接入互联网的问题。

1999 年 7 月，IEEE 802 委员会成立一个工作组，专门研究宽带无线城域网标准问题。2002 年，公布 IEEE 802.16 宽带无线城域网标准。802.16 标准的全称是"固定带宽无线访问系统空间接口"（Air Interface for Fixed Broadband Wireless Access System），也称为无线城域网（Wireless MAN，WMAN）或无线本地环路（Wireless Local Loop）标准。

1.3.2   IEEE 802.16 标准体系

尽管 802.11 与 802.16 标准都针对无线环境，但是由于两者的应用对象不同，因此在采用的技术与协议解决问题的重点也不同。802.11 标准的重点在于解决局域网范围的移动结点通信问题，而 802.16 标准的重点是解决城市范围内建筑物之间的数据通信问题。802.16 标准的主要目标是制定工作在 2~66GHz 频段的无线接入系统的物理层与介质访问控制层规范。802.16 是一个点对多点的视距条件下的标准，用于大数据量的传输。802.16a 增加非视距和对无线网状网结构的支持。802.16 与 802.16a 经过修订后，被统一命名为 802.16d，于 2004 年 5 月正式公布。按 802.16 标准建立的无线网络覆盖一个城市的部分区域，同时由于建筑物位置是固定的，它需要在每个建筑物上建立基站，基站之间采用全双工、宽带通信方式工作。802.16 标准提供两个物理层标准 802.16d 与 802.16e。802.16d 主要针对固定的无线网络部署，802.16e 针对火车、汽车等移动物体的无线通信标准问题。

与 IEEE 802.16 标准工作组对应的论坛组织为 WiMAX，与致力于 WLAN 推广应用的 Wi-Fi 联盟很类似，它是由业界成员参加的，致力于 IEEE 802.16 标准的推广与应用。无线接入技术以投资少、建网周期短、提供业务快等优势，已经引起产业界的高度重视。

1.4 蓝牙和无线个人区域网与 ZigBee

1.4.1 蓝牙技术与协议

1.4.1.1 蓝牙技术的基本概念

1994 年，Ericsson 公司对于如何在无电缆的情况下，将移动电话和其他设备（例如：PDA）连接起来产生浓厚的兴趣。Ericsson 公司与 IBM、Intel、Nokia 和 Toshiba 等公司发起一个项目，开发一个用于将计算机与通信设备、附加部件和外部设备，通过短距离的、低功耗的、低成本的无线信道连接的无线标准。这个项目被命名为蓝牙（Bluetooth）。对于"蓝牙"这个名字，有一个已被普遍接受的说法，那就是它与一位丹麦国王的名字有关，即公元 940～985 年间的丹麦国王 Harald Blatand。据说在他统治期间统一了丹麦和挪威，并把基督教带入斯堪的纳维亚地区，因此就将"Blatand"近似翻译成"Bluetooth"，中文直译为"蓝牙"。由于这项技术是在斯堪的纳维亚地区产生，因此技术的创始人就用这样的名字命名，表达他们要像当年的丹麦国王统一多国一样，统一世界很多公司"短距离无线通信"技术和产品的初衷。

蓝牙无线通信技术是作为一个技术规范出现的，该规范是蓝牙特别兴趣小组 SIG 中很多公司合作的结果。1998 年 5 月，SIG 由 Ericsson、Intel、IBM、Nokia 和 Toshiba 等公司发起。SIG 不是由任何一个公司控制，而是由其成员通过法定协定来管理。目前，SIG 共有 1800 多个成员，包括消费类电子产品制造商、芯片制造厂家与电信业等。SIG 的主要任务是致力于发展蓝牙规范，但是它也许不会发展成一个正式的标准化组织。

1.4.1.2 蓝牙规范与 IEEE 802.15 标准

1999 年 7 月，SIG 公布蓝牙规范 1.0 版，卷 1 是核心规范，卷 2 是协议子集，整个规范长达 1500 页。虽然蓝牙技术最初的目标只是解决近距离数字设备之间的无线连接，但是很快扩大到无线局域网的工作领域中。尽管这样的转变使该标准更有应用价值，但是也造成它与 IEEE 802.11 标准竞争的局面。在蓝牙规范 1.0 版发表后不久，IEEE 802.15 标准组决定采纳蓝牙规范作为基础，并开始对它进行修订。这件事情从一开始就不协调，蓝牙规范已经有细致的规范，而且它是针对整个系统的。从网络体系结构的角度来看，它覆盖从物理层到应用层的全部内容。IEEE 802.15 标准组仅对物理层和数据链路层进行标准化，蓝牙规范的其他部分并没有被纳入该标准。

尽管像 IEEE 这样的中立机构来管理一个开放的标准，往往有助于一项技术的推广和应用，但是如果在一项事实上的工业标准出现后，又出现一个与它不兼容的新规范，对于技术发展来说未必是一件好事。

1.4.1.3 蓝牙技术的特点及应用

（1）蓝牙技术的特点。无线通信产品要能方便、快速地普及，那么它的通信频率在全球各国统一开放的频段上，该频段的产品无须事先申请和缴纳频率使用费。蓝牙技术将符合这个条件，它的工作频率在国际开放的 ISM 2.4GHz 上。为了避免相同频率电子设备之间的干扰，蓝牙技术采用了调频扩展技术。蓝牙技术在协议设计之初就确定了芯片轻、薄、小的特点。以典型的爱立信蓝牙芯片为例，它的体积只有 10.2mm×14mm×16mm，发射功率控制在 1mW，作用距离可以达到 10m，可以嵌入在各种设备之中。芯片价格长期目标是控制在 5 美元以内。由于蓝牙的功耗很小，因此在设计蓝牙耳机的时候，不太考虑散热的问题。

（2）蓝牙技术的应用。正是因为蓝牙技术有十分突出的特点，所以可以应用于几乎所有的电子设备，例如：移动电话、蓝牙耳机、笔记本计算机的鼠标、打印机、投影仪、数字相机、门禁系统、遥控开关、各种家用电器等。蓝牙技术除了可以实现点-点通信，还支持点-多点通信。利用蓝牙技术可以在 10m 范围内实现 7 个活动蓝牙设备，以及最多 255 个处于待机蓝牙设备组成一个无线个人区域网络。因此，业界有一种说法，即开发蓝牙产品，更需要的是想象力和创造力。

1.4.2 无线个人区域网与协议

随着手机、便携式计算机和移动办公设备的广泛应用，人们逐渐提出自身附近几米范围内的个人操作空间（Personal Operating Space，POS）设备联网的需求。个人区域网络（Personal Area Network，PAN）与无线个人区域网络（Wireless Personal Area Network，WPAN）在这个背景下出现。IEEE 802.15 工作组致力于个人区域网的标准化工作，它的任务组 TG4 制定 IEEE 802.15.4 标准，主要考虑低速无线个人区域网络（Low-Rate WPAN，LR-WPAN）应用问题。2003 年，IEEE 批准了 LR-WPAN 标准——IEEE 802.15.4。它为近距离范围内不同设备之间低速互连提供统一标准。

与 WLAN 相比，LR-WPAN 只需很少的基础设施，甚至不需要基础设施。LR-WPAN 的特征与无线传感器网络有很多相似之处，很多研究机构也将它作为无线传感器网络的通信标准。

1.4.3 ZigBee 技术的特点

ZigBee 是一种面向自动控制的低速、低功耗、低价格的无线网络技术。ZigBee 的通信速率要求低于蓝牙，但要求由电池供电，在不更换电池情况下工作几个月，甚至几年。同时，ZigBee 网络的结点数量、覆盖规模比由蓝牙技术支持的网络大得多。ZigBee 无线设备工作在公共频道，在 2.4GHz 时传输速率为 250kbps，在 915Mbps 时传输速率为 40kbps。ZigBee 的传输距离为 10~75m。ZigBee 适应于数据采集与控制的点多、数据传输量不大、覆盖面广、造价低的应用领域，在家庭网络、安全监控、医疗保健、工业控制、无线定位等方面展现出了重要的应用前景。ZigBee 技术的特点主要表现在如下几个方面：

（1）ZigBee 网络结点工作周期短、收发数据量小，不传输数据时处于"睡眠状态"。传输数据时由担任"协调器"的结点唤醒。采取这种工作模式的优点是节省电能，延长网络工作时间。

（2）ZigBee 采用碰撞避免机制并为需要固定带宽的通信业务预留专用时间片，以避免发送数据的冲突。由于在 MAC 层采用确认机制，保证结点之间通信的可靠性。

（3）ZigBee 协议结构简单，实现协议的专用芯片价格低廉，系统软件结构力求简单，从而降低系统的造价。通信模块芯片价格预期可以降到 1.5 ~ 2.5 美元。

（4）ZigBee 标准与蓝牙标准的延时参数相比，ZigBee 结点的休眠/工作状态转换需要 15ms，入网时间需要 30ms，而蓝牙结点的入网时间需要 3~10s。

（5）1 个 ZigBee 网络最多容纳 1 个主结点和 254 个从结点，1 个区域中可以有 100 个 ZigBee 网络。

（6）ZigBee 提供了数据完整性检查与加密算法，以保障网络的安全。基于 ZigBee 技术的无线传感器网络已成为产业界十分关注的一个研究方向。

1.5 无线自组网技术应用领域与关键技术的发展

1.5.1 无线自组网技术的主要特点

IEEE 802.11 无线局域网是基于基础设施的，是结点直接与接入点设备 AP 通信的一跳网络，而无线自组网是不需要基础设施的多跳网络。无线自组网是一种可以在任何地点、任何时间迅速构建的移动自组织（Self-Organization）网络。无线自组网络有多个英文的名称，例如：Ad Hoc Network、Self-Organizing Network、Infrastructure-Less Network 与 Multi-Hop Network。1991 年 5 月，IEEE 正式采用"Ad hoc network"术语。Ad hoc 这个词来源于拉丁语，它在英语中的含义是"for thespecific purpose only"，即"专门为某个特定目的、即兴的、事先未准备的"意思。IEEE 将 Ad hoc 网络定义为一种特殊的自组织、对等式、多跳、无线移动网络。

无线自组网是由一组带有无线通信收发设备的移动结点组成的多跳、临时和无中心的自治系统。网络中的移动结点本身具有路由和分组转发的功能，可以通过无线方式自组成任意的拓扑。无线自组网可以独立工作，也可以接入移动无线网络或互联网。当无线自组网接入移动无线网络或互联网时，考虑到无线通信设备的带宽与电源功率的限制，它通常不会作为中间的承载网络，而是作为末端的子网出现。它只会产生作为源结点的数据分组，或接收将本结点作为目的结点的分组，不转发其他网络穿越本网络的分组。无线自组网中的每个结点都担负着主机与路由器的两个角色。结点作为主机，需要运行应用程序；结点作为路由器，需要根据路由策略运行相应的程序，参与分组转发与路由维护的功能。

总结以上的讨论可以看出，无线自组网具有以下几个主要特点：

（1）自组织与独立组网：无线自组网可以不需要任何预先架设的无线通信基础设施，所有结点通过分层的协议体系与分布式算法，来协调每个结点各自的行为。结点可以快速、自主和独立地组网。

（2）无中心：无线自组网是一种对等结构的网络。网络中所有结点的地位平等，没有专门用于分组路由、转发的路由器。任何结点可以随时加入或离开网络，任何结点的故障不会影响整个网络系统的工作。

（3）多跳路由：由于结点的无线发射功率的限制，每个结点的覆盖范围都很有限。在有效发射功率之外的结点之间通信，必须通过中间结点的多跳转发来完成。由于无线自组网不需要使用路由器，分组转发由多跳结点之间按路由协议协同完成。

（4）动态拓扑：无线自组网允许结点根据自己的需要开启或关闭，并且允许结点在任何时间以任意速度和方向移动，同时受结点的地理位置、无线通信信道发射功率、天线覆盖范围以及信道之间干扰等因素的影响，使得结点之间的通信关系会不断地变化，造成无线自组网拓扑的动态改变。因此，要保证无线自组网的正常工作，必须采取特殊的路由协议与实现方法。

（5）无线传输的局限与结点能量的限制性：由于无线信道的传输带宽比较窄，部分结点可能采用单向传输信道，同时无线信道易受干扰和窃听，因此无线自组网的安全性、可扩展性必须采取特殊的技术加以保证。同时，由于移动结点具有携带方便、轻便灵活的特点，在 CPU、内存与整体外部尺寸上有比较严格的限制。移动结点通常使用电池来供电，每个结点中的电池容量有限，因此必须采用节约能量的措施，以延长结点的工作时间。

（6）网络生存时间的限制：无线自组网通常是针对某种特殊目的而临时构建，例如：用于战场、救灾与突发事件等，在事件结束后无线自组网应自行结束使命并消失。因此，无线自组网的生存时间相对于固定网络是临时性的、短暂的。

1.5.2 无线自组网的主要应用领域

无线自组网在民用和军事通信领域都具有很好的应用前景。

1.5.2.1 军事领域

无线自组网技术研究的初衷是应用于军事领域，作为美国军方战术网络的核心技术。由于无线自组网无需事先架设通信设施，便可以快速展开和组网，生存能力强，因此，无线自组网已成为未来数字化战场通信的首选技术，并在近年来得到迅速发展。无线自组网适用于野外联络、独立战斗群通信和舰队战斗群通信、临时通信，以及无人侦察与情报传输的应用领域。为了满足信息战和数字化战场的需要，美国军方研制大量的无线自组织网络设备，用于单兵、车载、指挥所等不同的场合，并大量装备部队。美军的近期研究的数字电台（Near-Term Digital Radio, NTDR）和无线网络控制器等主要通信装备，都使用无线自组网技术。

2000~2003 年，美国军方资助"自愈式雷场系统"项目研究。该项目采用智能化的移动反坦克地雷阵，以挫败敌方突破地雷防线的尝试。这些地雷均配备有无线通信与自组网单元，通过飞机、地对地导弹或火箭弹远程布撒地雷之后，这些地雷迅速构成一个移动无线自组网。在遭到敌方坦克突破之后，这种地雷通过对拓扑结构的自适应判断和自身具备的自动弹跳功能迅速"自愈"，通过网络重构恢复连通，再次对敌方坦克实施拦阻。这样多次反复，直到在一定时间内网络无法重构，系统最后自行引爆。研究表明，"自愈式雷场系统"可以大大限制敌军的机动能力，延缓敌军进攻或撤退的速度，并在一段时间内封锁特定区域。这项研究是无线自组网应用于现代军事领域的一个典型实例。

1.5.2.2 民用领域

在民用领域中，无线自组网在办公、会议、个人通信、紧急状态、临时性交互式通信组等应用领域都有广阔的应用前景。可以预测，无线自组网技术在未来的移动通信市场上将扮演非常重要的角色。

（1）办公环境的应用。无线自组网的快速组网能力，可以免去布线和部署网络设备，使得它可以用于临时性工作场合的通信，例如：会议、庆典、展览等应用。在室外临时环境中，工作团体的所有成员可以通过无线自组网组成一个临时的协同工作网络。在室内办公环境中，办公人员携带的有无线自组网收发器的PDA、便携式个人计算机，可以方便地相互通信。无线自组网可以与无线局域网结合，灵活地将移动用户接入互联网。无线自组网与蜂窝移动通信系统相结合，利用无线自组网结点的多跳路由转发能力，可以扩大蜂窝移动通信系统的覆盖范围，均衡相邻小区的业务，提高小区边缘的数据速率。

（2）灾难环境中的应用。在发生地震、水灾、火灾或遭受其他灾难打击后，固定的通信网络设施可能被损毁或无法正常工作。这时就需要这种不依赖任何固定网络设施，就能快速布设的自组织网络技术。无线自组网能在这些恶劣和特殊的环境下提供通信服务。

（3）特殊环境的应用。当处于偏远或野外地区时，无法依赖固定或预设的网络设施进行通信，无线自组网技术是最佳选择。它可以用于野外科考队、边远矿山作业、边远地区执行任务分队的通信。对于像执行运输任务的汽车队这样的动态场合，无线自组网技术也可以提供很好的通信支持。人们正在开展将无线自组网技术应用于高速公路上自动驾驶汽车间通信的研究。未来，装有无线自组网收发设备的机场预约和登机系统可以自动地与乘客携带的个人无线自组网设备通信，完成换登机牌等手续，节省排队等候时间。

（4）个人区域网络中的应用。无线自组网另一个重要的应用领域是在 PAN 中的应用。无线自组网技术可以在个人活动的小范围内，实现 PDA、手机、掌上电脑等个人电子通信设备之间的通信，并构建虚拟教室和讨论组等崭新的移动对等应用。考虑到辐射问题，PAN 通信设备的无线发射功率应尽量小，这样无线自组网的多跳通信能力将再次凸现出它的特点。

（5）家庭无线网络的应用。无线自组网技术可以用于家庭无线网络、移动医疗监护系统，开展移动和可携带计算等技术的研究。

1.5.3   无线自组网关键技术的研究

无线自组网在应用需求、协议设计和组网方面都与传统的 802.11 无线局域网和 802.16 无线城域网有很大区别，因此无线自组网技术的研究有它的特殊性。无线自组网关键技术的研究主要集中在 5 个方面：信道接入、路由协议、服务质量、多播和安全。

（1）信道接入技术的研究。信道接入是指如何控制结点接入无线信道的方法。信道接入方法研究是无线自组网协议研究的基础，它对无线自组网的性能起决定性作用。无线自组网采用"多跳共享的广播信道"。在无线自组网中，当一个结点发送数据时，只有最近的邻结点可以收到数据，而一跳以外的其他结点无法感知。但是，感知不到的结点会同时发送数据，这时就会产生冲突。多跳共享的广播信道带来的直接影响是数据帧发送的冲突与结点的位置相关，因此冲突只是一个局部的事件，并非所有结点同时能感知冲突的发生，这就导致基于一跳共享的广播信道、集中控制的多点共享信道的介质访问控制方法都不能直接用于无线自组网。因此，"多跳共享的广播信道"的介质访问控制方法很复杂，必须专门研究特殊的信道接入技术。

（2）路由协议的研究。在无线自组网中，由于结点的移动以及无线信道的衰耗、干扰等原因造成网络拓扑结构的频繁变化，同时考虑到单向信道问题与无线传输信道较窄等因素，无线自组网的路由问题与固定网络相比要复杂得多。无线自组网实现多跳路由必须有相应的路由协议支持。IETF 成立的 MANET 工作组主要负责无线自组网的网络层路由标准的制定。

（3）服务质量的研究。初期的无线自组网主要用于传输少量的数据。随着应用的不断扩展，需要在无线自组网中传输话音、图像等多媒体信息。多媒体信息对带宽、时延、时延抖动等都提出很高的要求，这就需要保证服务质量。在讨论无线自组网服务质量时，必须认识到其特殊性的一面。这种特殊性主要表现在链路质量难以预测，链路带宽资源难以确定，分布式控制为保证服务质量带来困难，网络动态性是保证服务质量的难点。目前，研究工作都属于开始阶段，很多协议研究仅考虑到可用性和灵活性，在协议执行效率方面还有很多工作要进行。

（4）多播技术的研究。用于互联网的多播协议不适用于无线自组网。在无线自组网拓扑结构不断发生动态变化的情况下，结点之间路由矢量或链路状态表的频繁交换，将会产生大量的信道和处理开销，并使信道不堪重负。因此，无线自组网多播研究是一个具有挑战性的课题。目前，针对无线自组网多播协议的研究可分为两类：基于树的多播协议与基于网的多播协议。

（5）安全技术的研究。从网络安全的角度来看，无线自组网与传统网络相比有很大区别。无线自组网面临的安全威胁有其自身的特殊性，传统的网络安全机制不再适用于无线自组网。无线自组网的安全性需求除与传统网络安全一样，应包括机密性、完整性、有效性、身份认证与不可抵赖性等外，它也有特殊的要求。用于军事用途的无线自组网在数据传输安全性的要求更高。

1.6　无线传感器网络应用领域与关键技术的研究

1.6.1　传感器与无线传感器网络技术的研究与发展

1.6.1.1　传感器技术的发展

（1）传感器的基本概念。传感器（Sensor）是由敏感元件和转换元件组成的一种检测装置，能感受到被测量的信息，并按一定规律变换成为电信号或其他所需形式的信息输出，以满足信息的传输、处理、存储、显示、记录和控制等要求。传感器是实现自动检测和自动控制的首要环节，也可以说是人类五官功能的延伸。传统的传感器可以分为电阻与电容式传感器、自感与压电式传感器、磁敏与磁电式传感器、光电式传感器、热电式传感器、波与核辐射式传感器、化学与生物式传感器等几种基本类型。

根据传感器工作原理，可分为物理传感器和化学传感器两大类。物理传感器检测物理效应（如压电、磁致伸缩、极化、热电、光电、磁电等效应）的信号量的微小变化，并转换成电信号。化学传感器检测如化学吸附、电化学反应等现象的信号量的微小变化，并转换成电信号。传感器可以获取自然界和生产领域中信息，监视和控制生产过程中的各个参数，使设备能工作在正常状态或最佳状态，并使产品达到最好的质量。目前，传感器已经广泛应用于工业生产、农业生产、环境保护、资源调查、医学诊断、生物工程、宇宙开发、海洋探测、文物保护等领域。从茫茫的太空到浩瀚的海洋，以至各种复杂的工程系统，几乎每一个现代化项目都离不开各种各样的传感器。

（2）微机电系统与新型传感器。微机电系统（Micro Electro Mechanical System，MEMS）是目前最受关注的研究领域之一。早在20世纪60年代，美国就开始微机电系统技术的研究。20世纪80年代，微型硅加速度计、微型硅陀螺仪及微型硅静电马达相继问世。微机电系统是在微电子技术基础上发展起来的多学科交叉的新兴学科，它以微电子及机械加工技术为依托，研究涉及微电子学、机械学、力学、自动控制科学、材料科学等多个学科。微机电系统是通过半导体微细加工技术及微机械加工技术在硅等半导体基板上制作的一种微型电子机械装置。微机械可以分为几个等级：特征尺寸在 $1 \sim 10\text{mm}$ 的为小型机械，$1\mu\text{m} \sim 1\text{mm}$ 的为微型机械，$1\text{nm} \sim 1\mu\text{m}$ 的为纳米机械。

目前应用微机电系统技术已经成功地研制出很多的纳米级电子元器件和新型的传感器，如压力传感器、加速度传感器、红外传感器、气体传感器、流量传感器、离子传感器、辐射传感器、化学传感器、谐振传感器等，面积仅为（3×3）mm^2 的硅片上可以做成几百个纳米器件。当前微机电系统正向多功能化方向发展，即集微型机械、微型传感器、微型执行器、信号处理与控制电路、接口、电源和通信等单元于一体，成为一个完整的机械电子系统。未来人类可以利用微电子机械系统技术制造全光交换机、基因芯片、微型飞行器、微型卫星、微型机器人、微型动力系统。

（3）生物传感器技术的研究与发展。生物传感器是一类特殊的化学传感器，与传统的化学传感器相比，生物传感器具有高选择性、高灵敏度、高稳定性、低成本，能够在复杂环境中进行在线、快速、连续监测的优点。生物传感器是由生物元件和信号传导器组成。生物元件可以是生物体、组织、细胞、酶、核酸或有机物分子。不同的生物元件对于光强度、热量、声强度、压力有不同的感应特性。例如，对于光敏感的生物元件能够将它感受到的光强度产生与之成比例的电信号，对于热敏感的生物元件能够将它感受到的热量产生与之成比例的电信号，对于声敏感的生物元件能够将它感受到的声强度产生与之成比例的电信号。实际上，目前生物传感器研究的发展已经远远超出了我们对传统传感器的认知程度。

生物传感器技术目前已经在生物信息学、环境工程与无线传感器网络中得到广泛的应用。2010年，美国密歇根大学宣布成功开发出了一款体积仅有 9mm^3 的太阳能驱动传感器系统，该传感器的尺寸仅有 $2.5\text{mm} \times 3.5\text{mm} \times 1\text{mm}$，其体积仅是目前市场上同类设备的 1/1000，但是它的内部包含了一套完整的传感器系统，包括处理器、太阳能电池板和薄膜储电电池。传感器休眠状态的功耗仅有同类产品的 1/2000。以此计算，这种传感器系统在整个工作过程中的平均功耗仅有 1nW（10 亿分之一瓦）。研究人员表示，这套系统只要在合理的室内光线下，几乎可以永无休止地工作下去，唯一的极限就是其内置电池的使用寿命。除了光驱动外，它还可以由热量或人体动能驱动，因此这类传感器尤其适合用于医疗器械中，也可用于建筑物或桥梁监控系统之中。

1.6.1.2 无线传感器网络技术的研究与发展

微电子、无线通信、计算机与网络等技术的进步，推动了低功耗、多功能传感器的快速发展，使其在微小体积内能够集成信息采集、数据处理和无线通信等多种功能。无线传感器网络（WSN）是由部署在监测区域内大量的、廉价的微型传感器结点组成，通过无线通信方式形成的一个多跳的、自组织的无线自组网系统，其目的是将网络覆盖区域内感知对象的信息发送给观察者。

传感器、感知对象和观察者构成无线传感器网络的三个要素。如果说互联网改变人与人之间的沟通方式，那么无线传感器网络将改变人类与自然界的交互方式。人们可以通过无线传感网络直接感知客观世界，扩展现有网络的功能和人类认识世界的能力。在研究的初期，人们一度认为成熟的互联网技术与无线自组网技术的结合，就可以设计无线传感器网络。但是，随着研究的深入，人们发现无线传感器网络有自己独特的技术要求。如果说传统的计算机网络强调的是端-端的数据传输和共享，中间节点的路由器只起到分组转发的功能，无线传感器网络的所有节点除了需要参与数据转发的功能之外，它们同时具有数据的采集、处理、融合和缓存的功能。

1.6.2 无线传感器网络概述

1.6.2.1 无线传感器网络概念

无线传感器网络（Wireless Sensor Network，WSN），就是由部署在监测区域内大量的廉价微型传感器节点组成，通过无线通信方式形成的一个多跳的自组织的网络系统，其目的是协作地感知、采集和处理网络覆盖区域中被感知对象的信息，并发送给观察者。传感器、感知对象和观察者构成了无线传感器网络的三个要素。

随着微机电系统（Micro-Electro-Mechanism System，MEMS）、片上系统（SOC，SystemonChip）、无线通信和低功耗嵌入式技术的飞速发展，孕育出无线传感器网络（Wireless Sensor Networks，WSN），并以其低功耗、低成本、分布式和自组织的特点带来了信息感知的一场变革。无线传感器网络就是由部署在监测区域内大量的廉价微型传感器节点组成，通过无线通信方式形成的一个多跳自组织网络。

很多人都认为，这项技术的重要性可与因特网相媲美：正如因特网使得计算机能够访问各种数字信息而可以不管其保存在什么地方，传感器网络将能扩展人们与现实世界进行远程交互的能力。它甚至被人称为一种全新类型的计算机系统，这就是因为它区别于过去硬件的可到处散布的特点以及集体分析能力。然而从很多方面来说，现在的无线传感器网络就如同早在 1970 年的因特网，那时因特网仅仅连接了不到 200 所大学和军事实验室，并且研究者还在试验各种通信协议和寻址方案。而现在，大多数传感器网络只连接了不到 100 个节点，更多的节点以及通信线路会使其变得十分复杂难缠而无法正常工作。另外一个原因是单个传感器节点的价格目前还并不低廉，而且电池寿命在最好的情况下也只能维持几个月。不过这些问题并不是不可逾越的，一些无线传感器网络的产品已经上市，并且具备引人入胜的功能的新产品也会在几年之内出现。

无线传感器网络所具有的众多类型的传感器，可探测包括地震、电磁、温度、湿度、噪声、光强度、压力、土壤成分、移动物体的大小、速度和方向等周边环境中多种多样的现象。基于 MEMS 的微传感技术和无线联网技术为无线传感器网络赋予了广阔的应用前景。这些潜在的应用领域可以归纳为：军事、航空、反恐、防爆、救灾、环境、医疗、保健、家居、工业、商业等领域。

1.6.2.2 无线传感网络器的工作原理

现代意义的无线传感器网络是一种新型的分布式测控系统，由分布在监测区域内的大量传感器节点组成。得益于无线通信技术和微电子技术的飞速发展，开发低成本、低能耗、多功能的微型无线传感器节点已成现实。

图 1-1 是一个典型的无线传感器网络应用系统的示意图，它描述了无线传感器网络系统所包含的三种类型的节点，即传感器节点（Sensornode）、汇聚节点（Sink）和任务管理节点（Task Manager Node）。图中白色的监测区域中已经部署

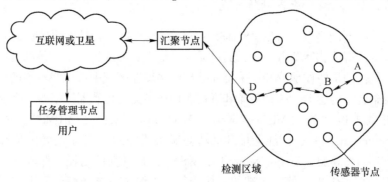

图 1-1 无线传感器网络系统的典型结构

了大量的无线传感器节点，每个节点都可以采集其覆盖区域的现场数据并且路由到 Sink 节点并通过一种多跳的方式来路由数据，节点 A 就是经过了 A↔B↔C↔D↔Sink 的多跳路由来实现数据转发，其他传感器节点的情况依此类推。Sink 节点是一个类似于网关的特殊节点，它的处理能力、存储能力和通信能力相对较强，能够把无线传感器网络桥接到其他的通信网络，比如 Internet，从而使终端用户能够方便实时地通过任务管理节点来进行各种操作。Sink 节点既可以是一个具有增强功能的传感器节点，也可以是仅带有无线通信接口的网关设备。任务管理节点可以是各种智能终端，PC、PDA 甚至是智能手机。

如图 1-2 所示，每个微型节点都集成了传感、数据处理、通信和电源模块，可以对原始数据按要求进行一些简单的计算处理后再发送出去。大量的智能节点通过先进的网状联网（Mesh Networking）或其他联网方式，可以灵活紧密地部署在被测对象的内部或周围，把人类感知的触角延伸到物理世界的每个角落。尽管单个节点的能力是微不足道的，但是成百上千节点组成的网络系统能带来强大的规模效应。根据不同的应用场合，有的无线传感器节点可能还会有一些附加模块，比如定位系统、连续供电系统以及移动基座等。传感模块包含传感器和ADC，计算模块包含 MCU 和存储器。由于有的 MCU 内部集成了 ADC，所以 ADC在这种情况下也可以划入到计算模块。现场采集到的原始传感信息经过 A/D 转换后被发送到计算模块进行处理，再通过无线通信模块发送到指定地点。电源模块一般采用电池，可以是碱性电池、锂电池或镍氢电池。为了在执行比较耗能的任务时能够保证持续的电力供应，也可以采用太阳能电池。

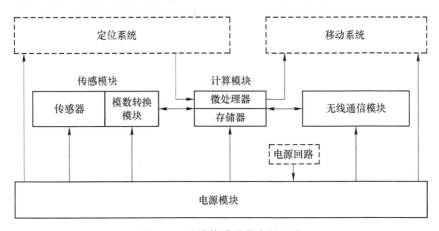

图 1-2　无线传感器节点的组成

1.6.2.3　无线传感器网络的基本结构

（1）无线传感器网络节点类型。无线传感器网络由 3 种节点组成，即传感器节点（Sensornode）、汇聚节点（Sink Node）和管理节点。大量传感器节点随机部署在监测区域（Sensor Field）内部或附近，这些节点通过自组织方式构成网络。传感器节点监测的数据沿其他传感器节点逐跳进行传输，在传输过程中监测数据可能被多个节点处理，数据在经过多跳路由后到达汇聚节点，最后通过互联网或卫星通信网络传输到管理节点。拥有者通过管理节点对传感器网络进行配置和管理，发布监测任务以及收集监测数据。

传感器节点通常是一个微型的嵌入式系统，它的处理能力、存储能力和通信能力相对较弱，通过自身携带的能量有限的电池来供电。从网络功能上来看，每个传感器节点兼顾传统网络节点的终端和路由器双重功能，除了进行本地信息收集和数据处理之外，还要对其他节点转发来的数据进行存储、管理和融合等处理，同时与其他节点协作完成一些特定任务。目前，传感器节点的软硬件技术是传感器网络研究的重点。汇聚节点的处理能力、存储能力和通信能力相对较强，它连接传感器网络与互联网等外部网络，实现两种协议栈的通信协议之间的转换，同时发布管理节点的监测任务，并将收集到的数据转发到外部网络上。汇聚节点既可以是一个具有增强功能的传感器节点，有足够的能量提供给更多的内存与计算资源，也可以是没有监测功能仅带有无线通信接口的特殊网关设备。

（2）无线传感器网络节点结构。无线传感器节点由以下4部分组成：

1）传感器模块：负责监控区域内信息采集和数据转换。

2）处理器模块：负责整个传感器节点的操作，存储和处理传感器采集的数据，以及其他节点传送的数据。

3）无线通信模块：负责与其他传感器节点进行无线通信，接收和发送收集的信息，交换控制信息。

4）能量供应模块：通常是采用微型电池，为传感器节点提供运行所需要的能量。

传感器节点存在一些限制。在实际应用中，通常要使用很多传感器节点，但是每个节点的体积很微小，通常只能携带能量十分有限的电池。由于无线传感器网络要求节点数量多、成本要求低廉、分布区域广，而且部署区域的环境复杂，有些区域甚至人员不能到达，因此传感器节点通过更换电池来补充能源是不现实的。如何高效使用能量来最大化网络生命周期是传感器网络面临的首要挑战。

传感器节点消耗能量的模块包括：传感器模块、处理器模块和无线通信模块。随着集成电路工艺的进步，处理器和传感器模块的功耗变得很低。

无线通信模块存在4种状态：发送、接收、空闲和睡眠。在空闲状态一直监听无线信道的使用情况，检查是否有数据发送给自己，而在睡眠状态则关闭通信模块。无线通信模块在发送状态的能量消耗最大；在空闲状态和接收状态的能量消耗接近，但略少于发送状态的能量消耗；在睡眠状态的能量消耗最少。为了让网络通信更有效率，必须减少不必要的转发和接收，不需要通信时尽快进入睡眠状态，这是传感器网络协议设计中需要重点考虑的问题。

传感器节点是一种微型嵌入式设备，要求它价格低功耗小，这些限制必然导致其节点 CPU 处理器能力比较弱，存储器容量比较小。传感器节点需要完成监测数据的采集和转换、数据的管理和处理、应答汇聚节点的任务请求、节点控制等多种工作。如何利用有限的计算和存储资源完成诸多协同工作的任务，是传感器网络设计的又一挑战。

（3）传感器节点硬件平台。结合设计需求可得出传感器节点硬件平台的基本特征。描述如下：

1）供能装置。采用电池供电，使得节点容易部署。但由于电压、环境等变化，电池容量并不能被完全利用。可再生能量，如太阳能。可再生能源存储能量有两种方式：充电电池，自放电较少，电能利用会比较高，但充电的效率较低，且充电次数有限；超电容，充电效率高，充电次数可达 100 万次，且不易受温度、振动等因素的影响。

2）传感器。有许多传感器可供节点平台使用，使用哪种传感器往往由具体的应用需求以及传感器本身的特点决定。需要根据处理器与传感器的交互方式：通过模拟信号和通过数字信号，选择是否需要外部模数转换器和额外的校准技术。

3）微处理器。微处理器是无线传感节点中负责计算的核心，目前的微处理器芯片同时也集成了内存、闪存、模数转化器、数字 IO 等，这种深度集成的特征使得它们非常适合在无线传感器网络中使用。

影响节点工作整体性能的微处理器关键性能包括功耗特性、唤醒时间（在睡眠/工作状态间快速切换）、供电电压（长时间工作）、运算速度和内存大小。

4）通信芯片。通信芯片是无线传感节点中重要的组成部分，在一个无线传感节点的能量消耗中，通信芯片通常消耗能量最多，在目前常用的 TelosB 节点上，CPU 在工作状态电流仅 400uA，而通信芯片在工作状态电流近 20mA。

低功耗的通信芯片在发送状态和接收状态时消耗的能量差别不大，这意味着只要通信芯片开着，都在消耗差不多的能量。

（4）基于功能的无线传感器网络结构模型。随着研究的深入，人们提出一种更能体现无线传感器网络特点的结构模型。这个结构模型增加了时间同步与定位两个子层，同时考虑拓扑与数据链路层、网络层关系，以及能量管理接口与服务质量保证机制的关系问题。

时间同步和定位两个子层位置比较特殊，它们建立在物理信道的基础上，既要依赖数据链路的协作进行时间同步和定位，又要网络层的路由与传输层的传输控制协议的支持为高层应用提供服务。无线传感器网络中的能量管理涉及所有的层次与功能。服务质量保证机制涉及各层的队列管理、优先级机制与带宽管理。拓扑生成涉及节点的物理位置、节点发送与接收能力、链路层信道接入方法，以及网络层的路由协议。网络管理需要与各层协议都有接口，收集、分析各层协议执行情况并及时进行分析。模型中的所有功能与协议执行过程，都与能量、移动与安全管理相关，这正体现出无线传感器网络的特点。

1.6.2.4　WSN 的拓扑结构

根据传感器节点的功能及结构层次的特点，可以把无线传感器网络分为四种网络结构：平面网络结构、分级网络结构、混合网络结构以及 Mesh 网络结构。由于网络拓扑结构极大制约着所实现通信协议的复杂度，并影响网络的安全、存储性能的好坏，因此，设计出高效、可行的无线传感器网络拓扑结构是非常必要的，下面将依次介绍所提到的四种网络拓扑结构。

（1）平面网络拓扑结构。在无线传感器网络中，平面网络拓扑结构是最简单的一种网络拓扑结构形式。该拓扑结构中所有节点具有的功能、特性完全相同，各个节点的地位也完全平等，所有节点构成了对等结构，节点以自组织方式形成了网络的拓扑关系。这种网络拓扑结构的优点是网络结构比较简单，由于所有节点的重要性都是一样的，因此网络容易维护、具有较好的健壮性；该结构的缺点是当加入新的传感器节点时，网络规模扩大趋势明显，即网络的扩展性不好，且由于在整个网络中没有设置中心控制节点，因此传感器节点在形成网络过程中使用的组网算法很复杂，平面网络结构如图 1-3 所示，其中空心圆圈代表传感器节点，节点间用虚线连接用于表示节点间以自组织方式所形成的通信路径。

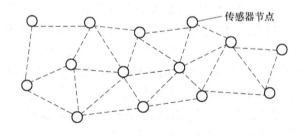

图 1-3　平面网络结构

（2）分级网络拓扑结构。第二种网络拓扑结构为分级网络结构，又称为分层网络结构，采用该结构的无线传感器网络常常被划分为若干个簇，一个簇中可以有若干个簇头节点，通常的情况是：在每个簇中，按照节点的不同功能分为簇头（骨干节点或 Cluster Head）、普通节点（一般传感器节点或 Normal Node），且一个簇中有一个簇头节点，其余全部为普通传感器节点。如图 1-4 所示，网络被分为上、下层两个部分，上层为中心骨干节点即簇头节点；下层为一般传感器节点，该网络中有多个簇头节点，簇头节点之间或一般传感器节点之间采用的是平面网络结构，所有簇头节点的地位相同，簇头节点具有数据融合、管理等功能，这一点是一般传感器节点不具备的，簇头节点与一般传感器节点之间采用的是分级网络结构。该类结构的优势是网络扩充性比较好，在每个簇中，由于簇头节点充当控制节点，从而完成了对整个簇的统一管理，实现了局部范围内的集中控制；其不足之处在于：簇头节点负责管理本簇内全部节点，并融合、处理接收的信息，因此该类节点的能量消耗大，且充当该类节点需要的传感器成本高，除此之外，分级通常指簇头与普通传感器节点之间的层次关系，对于普通传感器节点，它们之间的通信信道可能不会建立。

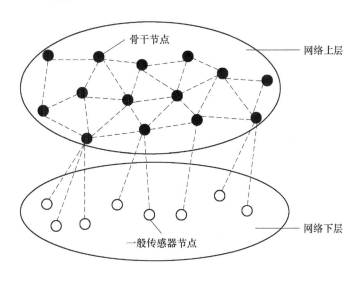

图 1-4　分级网络结构

（3）混合网络拓扑结构。第三种网络拓扑结构是混合网络结构，该结构是上面两种网络拓扑结构的综合，如图 1-5 所示，网络中簇头节点间及普通传感器节点间都采用对等式网络结构，而簇头节点和普通传感器节点之间采用的是分级网络结构，这也是该拓扑结构与平面网络拓扑结构的区别。与分级网络结构的不同之处在于：一般传感器节点之间可以直接建立通信信道，在需要时可以随时进行通信，而不再需要借助簇头节点作为中间节点进行数据的转发。该拓扑结构的优点是由于该类结构支持对等式及分层的网络结构，节点间通信更加灵活，网络的功能也更加强大，其缺点是对于传感器要求更高，导致网络运行成本增加。

（4）Mesh 网络拓扑结构。Mesh 网络结构是一种新型的无线传感器网络结构，从结构上看，该类网络是对称分布的，这与前面介绍的几种传统无线网络拓扑结构有所不同。该结构中由于节点往往只与其邻居节点建立通信路径，因此节点通常只与其最近的邻居进行通信，如图 1-6 所示，空心圆圈代表传感器节点，

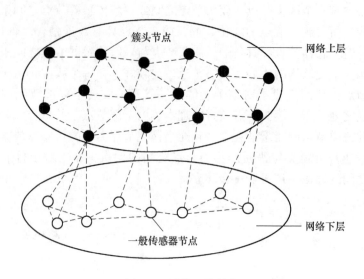

图 1-5　混合网络结构

网络内部传感器节点的功能通常是相同的，具有对等性，所以该网络又称为对等网络。

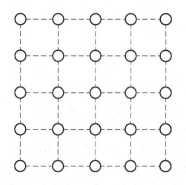

图 1-6　Mesh 网络结构

从图 1-6 中可以看出，在 Mesh 这种网络结构中，节点之间通常有多条路由路径来实现节点间的数据传输，因此当传感器网络中任一节点失效时，剩余节点间的通信仍然能够通过其他节点间的路径实现。采用该拓扑结构网络的容错性好，并且该网络结构中尽管所有节点的地位相同并具有相同的通信传输能力和计算能力，但仍可以从所有节点中选择若干个簇头节点来完成数据融合等额外任务，该过程中，一旦有簇头节点失效，根据对等性，网络中其他节点可以立刻取代该失效节点，并能够实现原来簇头节点的所有功能[1,2]。

1.6.2.5 无线传感器网络的特点

目前，移动通信网、无线局域网、Ad Hoc 移动网络等为常见的无线网络，与这些传统网络相比，无线传感器网络有许多明显不同的特性，无线传感器网络的特点如下：

（1）节点的硬件资源有限。无线传感器网络中，由于传感器节点的价格高、体积小并且能量有限，当节点部署到网络中，不可能为节点更换电池，因此节点的计算能力、存储量都是受限的。由于这些原因，节点操作系统中协议的设计要尽可能具有简单性。

（2）节点的电源容量有限。目前，所用到的传感器节点大都由电池供电，电池容量一般很小且替换困难，所以节点的电源能量是受到限制的。由于传感器节点经常部署在非常恶劣的环境甚至是敌方战区中，有些区域人类无法到达，又加上节点数目多、分布无规则，给节点更换电池或添加能源是无法实现的，当网络中节点能量耗尽后，该节点就会失效，不能实现数据采集等任务。根据该特点，在设计无线传感器网络的过程中，要充分考虑到节点能量的有效利用，减少不必要的能量损耗以延长网络的寿命。

（3）网络的安全性差。由于无线传感器网络采用了无线信道、分布式控制等技术，因此该类网络更容易被敌方窃听及遭受主动入侵等攻击。为了使用户了解节点部署区域内的准确消息，保证节点间进行安全、秘密的数据传输是必不可少的，要保证监测的数据不能被窃取或得到不真实的监测数据。

（4）网络无中心。无线传感器网络中并没有严格的控制中心，所有传感器节点的地位平等，所有节点组成了一个对等式网络，可以根据需要，随时向网络中加入节点以扩大网络或删除一些被敌方捕获及因能量耗尽而失效的节点，由于节点分布区域广，在监测区域的某个角落可以有许多节点，因此当网络中若干个节点发生故障时并不会影响其他节点，即能够保证剩余网络的运行。

（5）节点自组织形成网络。当传感器节点被部署到监测区域后，节点会通过分层协议及分布式算法相互配合、调解各自的动作，启动传感器节点后，节点会以很快的速度、自动地组成一个网络，网络的形成过程中无须依赖于特定的网络设施。

（6）节点数量众多，分布密集。为了得到目标区域内确切的信息，需要布置大量传感器节点对目标区域进行监测，因此网络中节点的数目多，分布的也非常密集，节点部署后节点间会自组织的形成网络结构，一旦网络形成，其拓扑结构就确定了，并且变化困难，所以，当有节点失效时，必须保证剩余网络具有较好的恢复性。

（7）网络的动态性。无线传感器网络中的节点能够到处移动，所形成的网络是动态的，其中的传感器节点在工作状态及休眠状态之间进行切换。网络中允许对节点进行动态更新，即当有节点被敌方捕获或失效时，需要将这类节点从网络中删除；也可以向网络中添加新节点来替换失效节点。这就要求无线传感器网络能够适应节点的动态改变，并在添加或删除节点后，要求节点能够重新生成新的网络。

（8）节点能够多跳路由。网络中的传感器节点具有有限的通信范围，通常的范围是几百米，因此在一般情况下，节点只能与其射频范围内的节点进行直接通信。无线传感器网络中，普通节点具有多跳路由能力，网络中的每个节点既可以作为发起节点来发送数据，也可以进行数据的转发。因此，若节点想要与其通信范围外的其他节点通信，则需要通过中间的节点进行路由才能实现[3~6]。

1.6.2.6   无线传感器网络与无线自组织网络的区别

无线传感器网络与无线自组织网络具有许多相同点，如二者所形成的网络都具有动态性，所含有的能量都是有限的。在对无线传感器网络的初期研究中，许多研究者认为成熟的 Internet 技术及无线自组织网络机制的存在，对设计无线传感器网络来说是足够的，但进一步的研究表明，现有的 Internet 技术和无线自组织网络机制对无线传感器网络的设计是远远不够的。无线传感器网络与无线自组织网络采用不同的技术，应用目标也不相同。无线自组织网络的目的是传输数据，使用高效率的带宽来进行高质量的数据传输是其首要目标，而节约能量只是次要的问题；以数据为中心的无线传感器网络，因为其中的节点能量受限，因此其最主要的目标是实现能源的高效使用，而从目标区域内得到更加有效的数据也需重点考虑。此外，无线传感器网络还有一些区别于无线自组织网络的特征，如：

（1）规模大、密度高。为了获取更加精确、完整的信息，无线传感器网络通常密集部署在大规模的监测区域中，其中有成千上万个传感器节点，与无线自组织网络相比，其节点的数量大，网络密度也成数量级的提高。网络中所有传感器节点相互配合、协调各自的通信，并把采集的信息经多跳路由发送出去，最终发送到汇聚节点，即通过节点间的协同工作来提高网络的工作质量。

（2）应用相关性。无线传感器网络中，传感器节点负责监测并感知目标区域内的各种属性，以便得到指定范围内的相关信息。网络中不同的应用所需要的属性有所不同，对无线传感器网络系统的要求也会有区别，该特点导致了无线传感器网络不能有统一通信协议平台，而必须对每个具体的应用进行相应的设计工作，确定不同的监测属性，只有这样才能建立高效的系统，这也是无线传感器网络设计不同于传统网络的明显特性。

（3）以数据为中心。在一些传统网络中，为了实现信息的交互，主要把网络功能的实现放置在终端系统上，而网络中间的一些节点仅作为路由节点负责分组的转发，不含有其他功能；无线传感器网络中，根据使用者的要求来设置观测的物理量，网络运行过程中，使用者通常只关注所监测区域内该物理量的信息而并非是某个具体传感器节点所采集的数据，使用者将需求信息发布给全部传感器节点，网络在收集到监测数据后会将信息传递给使用者。

（4）可靠的网络。由于无线传感器网络经常部署在非常恶劣的环境，甚至是人类不可能到达的区域，加上网络规模大、节点密集、节点的能量和存储量有限等特点，使得无线传感器网络的维护十分困难。节点采集数据后，为了实现节点间信息的安全传输，保证网络的可靠性，无线传感器网络的安全及通信保密协议是至关重要的，与此同时也要求整个网络的恢复性要好。

（5）广播的通信方式。为了把消息发送给多个接收者，无线传感器网络在进行通信时更多的是采用广播方式，而 Ad Hoc 网络则主要采用的是点到点的通信方式[7]。

1.6.2.7 无线传感器网络所面临的挑战

无线传感器网络具有一些不同于传统网络的特点，这对无线传感器网络的设计和实现提出了新的挑战，主要体现在以下几个方面：

（1）低成本。无线传感器网络中节点数量众多，为了降低网络的开销，需要减少单个传感器节点的成本。而对于单个传感器节点而言，其成本与网络系统、节点间采用的通信协议及节点自身的计算能力、存储能力和通信能力是成反比的，这就需要网络系统简单、所设计协议易实现，对节点的计算能力、存储能力和通信能力要求不高。此外，还可以从系统的管理与维护开销方面考虑，降低这方面的成本。

（2）实时性。在监测区域中，为了对所观测属性信息在同一时刻进行采集，多数无线传感器网络应用都需要具有实时性，而用户只有收集到同一时刻的属性信息并进行对比，才能准确了解到该时刻属性的变化情况，当用户向网络发出请求信息后，在很短的时间内，网络系统就要对该事件进行回应，网络的反映时间越短，则说明网络的实时性就越好。

（3）低能耗。无线传感器网络中，节省节点的能量是最受关注的问题。这是因为：网络长期在无人照料的区域中工作，当有节点能量用尽时，由于无法给传感器节点充电或者更换新电池，节点也会因为能量用尽而失效。因此各种协议的设计都是以节省节点的能量为前提，在网络运行时，每个节点都要减少能量的消耗以延长其生存时间。

（4）安全，抗干扰。无线传感器网络经常布置在一个无人看守的区域，自组织网络中节点间相互协同工作，由于传感器节点的能量有限，无线传感器网络系统中的资源受到限制，在设计通信协议时要求尽可能地降低开销，以满足该类网络的需要，与此同时也会带来网络安全方面的问题。由于无线传感器网络的特殊性，如节点数量多、密度大，网络无固定基础设备，因此不可能采用传统网络中的安全体系结构，如互联网中的安全认证体系，而仅能使用一些简单的安全体系结构，使得节点间使用较少的能量就能够完成身份认证和数据加密等功能，并可以实现节点间安全、可靠的数据传输。

（5）协同信号处理。协同信号处理是一项刚刚兴起的技术，指的是大量传感器节点对其他多个传感器节点发送的信息相互协作地进行处理。在无线传感器网络中，由于节点的能量有限、采集信息不够精确等原因，单一传感器节点经常不能高效地实现对目标的监测、感知和识别，而需要多个节点相互配合，按照特定的方式进行信息传递，由于相邻节点经常布置在相邻地理区域中，它们所感知的数据会有大量的重复内容，所以应该利用该项技术把节点间的数据进行融合，去掉冗余信息，降低数据的冗余度，之后再进行数据传输，从而减少网络中通信流量。

（6）能源感知计算。由于传感器节点的能源受限，因此对于无线传感器网络来说，首要考虑的问题是如何有效地节省能源。节省能源主要包含管理传感器节点自身的能源、对整个网络中能源的优化及精度计算等方面。为了节省传感器节点的能源，需要减少节点的计算量、存储量及通信量，并对节点通信过程中的能源进行管理；而对于整个网络，则需要考虑网络的拓扑结构变化所带来的能量耗费，与此同时要尽量减少通信过程中产生的额外开销。

（7）路由。路由问题是无线传感器网络中一个非常重要的问题。由于无线传感器网络的特殊性，使其不适合采用传统无线 Ad Hoc 所使用的路由技术，而在路由过程中需要充分考虑能源的高效使用，以节省网络中剩余能量，延长网络的生存周期，还可以利用节点的位置信息进行路由，整个路由过程要以数据为中心，与此同时要考虑节点间的数据融合、数据汇聚等问题[8~10]。

1.6.3　无线传感器网络关键技术研究

无线传感器网络研究的主要问题有网络协议、定位技术、时间同步、数据融合、数据管理、嵌入式操作系统和网络安全。

（1）路由协议的设计。与传统的网络路由协议的设计思路相比，无线传感器网络的路由协议的侧重点在于：能量优先、基于局部拓扑信息、以数据为中心，以及与应用相关的因素。设计路由协议必须首先考虑如何在有限能量的前提下，延长无线传感器网络生存期。为了节约能量，每个节点不能进行大量的数据计算，因此路由生成只能限制在局部拓扑信息上。无线传感器网络中的很多节点分布在感兴趣的地区，部署者关心的是被监测区域的大量节点的感知数据，而不是个别节点获取的数据。路由协议必须考虑对感知数据的需求、数据通信模式与数据流向，以便形成以数据为中心的转发路径。同时，无线传感器网络实际应用场景和要求区别很大，设计者必须针对具体的应用需求去考虑路由协议。因此，无线传感器网络的路由协议设计应该满足：能量高效，具有可扩展性、鲁棒性和能快速收敛。

（2）定位技术研究。在传感器网络中，位置信息对传感器网络的监测活动至关重要，它是事件位置报告、目标跟踪、地理路由、网络管理等系统功能的前提。事件发生的位置或获取信息的节点位置，是传感器节点监测报告中所包含的重要信息，没有位置信息的监测报告往往毫无意义。在环境监测应用中，需要知道采集的环境信息所对应的具体区域位置。一旦监测到事件发生之后，人们关心的重要问题就是事件发生的位置。例如：森林火灾现场位置、战场上敌方车辆运动的区域、天然气管道泄漏的具体地点，这些信息都是决策者进一步采取措施和做出决策的依据之一。位置信息可以用于目标跟踪，实时监视目标的行动路线，预测目标的前进轨迹；可以直接利用节点位置信息，实现数据传递按地理的路由；根据节点位置信息构建网络拓扑图，实时统计网络覆盖情况，对节点密度低的区域及时采取必要措施，进行网络管理。因此，节点位置的定位是传感器网络的基本功能之一。

（3）时间同步技术。分布式系统通常需要一个表示整个系统时间的全局时间，这个时间根据需要可以是物理时间或逻辑时间。物理时间用来表示人类社会使用的绝对时间，逻辑时间表达事件发生的顺序关系，它是一个相对的概念。无线传感器网络是一个分布式系统，不同节点都有自己的本地时钟。由于节点的晶体振荡器频率存在偏差以及温度变化和电磁波干扰等，即使在某个时刻所有节点都达到时间同步，它们的时间也会逐渐出现偏差，而分布式网络系统的协同工作需要节点之间的时间同步，时间同步机制是分布式系统基础框架中的一个关键机制。

无线传感器网络应用中需要时间同步机制。由于传感器网络的特点，以及在能量、价格和体积等方面的约束，使得复杂的时间同步机制不适用于它，需要修改或重新设计时间同步机制来满足传感器网络的要求。

（4）数据融合技术。由于无线传感器网络的基本功能是收集、传输传感器节点所在监测区域的信息，而传感器节点受到能量与易失效性的约束，因此减少数据传输量以有效地节省能量，利用节点的本地计算和存储能力处理数据的融合，通过数据融合（Data Aggregation）达到数据备份与信息的准确性，成为传感器网络研究的又一个重要的课题。

无线传感器网络的数据融合是指：将传感器节点产生的多份数据或信息进行处理，组合出更有效、更符合用户需求的数据的过程。数据融合的方法普遍应用在日常生活中，人在辨别一个事物的时候通常会综合视觉、听觉、触觉、嗅觉等各种感官获得的信息，对事物做出准确判断。在无线传感器网络的应用中，人们更多的是关心监测的结果，而不需要收到大量原始数据，数据融合是通过处理传感器的数据，得出准确的判断的过程。例如：无线传感器网络在森林防火的应用中，需要对多个温度传感器探测到的位置、环境温度数据进行融合，报告是否出现火灾以及发生的位置。如果在目标识别应用中，由于各个节点的地理位置不同，针对同一目标所报告的图像的拍摄角度不同，需要进行三维空间的考虑，因此数据融合的难度相对较大。数据融合技术的技术方案和系统的指标取决于实际应用的需求。

（5）数据管理技术。研究无线传感器网络数据管理技术的目的是：将网络上数据处理方法与网络的物理实现方法分离，使无线传感器网络的用户和应用程序只需要关心查询数据的逻辑结构，而无需关心无线传感器网络具体如何获取信息的细节。在实际应用中，应用程序通过对无线传感器网络获取的感知数据进行查询和分析，有效地对它所关心的环境进行监测，获得灾害地区、城市交通管理系统的车辆监控、军事侦察的信息。在这些应用中，数据通常包括两类：一类是静态数据，例如描述传感器特性的信息；另一类是动态数据，是由传感器自身感知的环境数据。由这些感知数据构成的数据集合类似于大型分布式数据库，需要通过一个软件系统来管理，即传感器网络数据管理系统。因此，人们必须针对无线传感器网络的特点，研究网络数据管理系统的结构、数据模型和查询语言、网络数据的存储与索引技术、数据查询处理技术。

（6）嵌入式操作系统技术。由于传感器节点具有数量大、拓扑动态变化、携带非常有限的硬件资源等特点，同时计算、存储和通信等操作需要并发地调用系统资源，因此需要研究适合无线传感器网络的新型操作系统。在研究无线传感器网络的初期，研究人员并没有重视这个问题。有些研究人员认为无线传感器网络的硬件很简单，没有必要设计一个专门的操作系统，可以直接在硬件上编写应用程序。但是，随着研究工作的深入，人们发现面向无线传感器网络的应用程序开发难度很大，直接在硬件上编写的应用程序无法适应多种服务。同时，软件的重用性差，开发效率低，应用程序很难移植与扩展。因此，设计无线传感器网络的专用操作系统成为一个重要研究课题。

（7）网络安全技术。无线传感器网络的安全技术研究是当前的热点和富有挑战性的课题。无线传感器网络的安全隐患可以分为两类：信息泄露与空间攻击。有些无线传感器网络应用在军事与公共安全领域，要求安全性很高，而无线传感器网络极易受到攻击。无线传感器网络不仅要进行数据传输，而且要进行数据采集、融合和协同工作。传感器结点本身受到计算与存储资源、能源的限制，必须在计算复杂度和安全强度之间权衡。另外，一个实际传感器网络的节点数可能达到成千上万，必须在单个节点的安全性与对整个网络的安全影响之间权衡。因此，如何保证任务执行的机密性、数据产生的可靠性、数据融合的高效性与数据传输的安全性，成为无线传感器网络安全问题需要全面考虑的内容。

1.6.4　无线传感器网络的应用前景

无线传感器网络的应用领域非常广阔，它能应用于军事、精准农业、环境监测和预报、健康护理、智能家居、建筑物状态监控、复杂机械监控、城市智能交通、空间探索、大型车间和仓库管理，以及机场、大型工业园区的安全监测等领域。随着传感器网络的深入研究和广泛应用，传感器网络将会逐渐深入人类生活的各个领域。

（1）在军事应用领域的应用。无线传感器网络具有可快速部署、可自组织、隐蔽性强和高容错性的特点，因此它非常适合在军事领域的应用。无线传感器网络能实现对敌军兵力和装备的监控、战场的实时监视、目标的定位、战场评估、核攻击和生物化学攻击的监测和搜索等功能。通过飞机或炮弹直接将传感器节点播撒到敌方阵地内部，或在公共隔离带部署传感器网络，能非常隐蔽和近距离的准确收集战场信息，迅速地获取有利于作战的信息。传感器网络由大量的、随机分布的结点组成，即使一部分传感器节点被敌方破坏，剩下的节点依然能自组织地形成网络。利用生物和化学传感器，可以准确探测生化武器的成分并及时提供信息，有利于正确防范和实施有效的反击。传感器网络已成为军事系统必不可少的部分，并且受到各国军方的普遍重视。

由于无线传感器网络具有密集型、随机分布的特点，使其非常适合应用于恶劣的战场环境中，包括侦察敌情、监控兵力、装备和物资，判断生物化学攻击等多方面用途。美国国防部远景计划研究局已投资几千万美元，帮助大学进行"智能尘埃"传感器技术的研发。

（2）在环境监测和预报中的应用。在环境监测和预报方面，无线传感器网络可用于监视农作物灌溉情况、土壤空气情况、家畜和家禽的环境和迁移状况、无线土壤生态学、大面积的地表监测等，可用于行星探测、气象和地理研究、洪水监测等，还可以通过跟踪鸟类、小型动物和昆虫进行种群复杂度的研究等。基于无线传感器网络，可以通过数种传感器来监测降雨量、河水水位和土壤水分，并依此预测山洪暴发的可能性。传感器网络可实现对森林环境监测和火灾报告。传感器网络还有一个重要应用就是描述生态多样性，从而进行动物栖息地生态监测。

随着人们对于环境问题的关注程度越来越高，需要采集的环境数据也越来越多，无线传感器网络的出现为随机性的研究数据获取提供了便利，并且还可以避免传统数据收集方式给环境带来的侵入式破坏。比如，英特尔研究实验室的研究人员曾经将32个小型传感器连进互联网，以读出缅因州"大鸭岛"上的气候，用来评价一种海燕巢的条件。无线传感器网络还可以跟踪候鸟和昆虫的迁移，研究环境变化对农作物的影响，监测海洋、大气和土壤的成分等。此外，它也可以应用在精细农业中，来监测农作物中的害虫、土壤的酸碱度和施肥状况等。

（3）在医疗系统和健康护理中的应用。无线传感器网络在医疗系统和健康护理方面也会有很多应用，例如：监测人体的各种生理数据，跟踪和监控医院中医生和患者的行动，以及医院的药物管理等。如果在住院病人身上安装特殊用途的传感器节点，例如心率和血压监测设备，医生就可以随时了解被监护病人的病情，在发现异常情况时能够迅速抢救。

无线传感器网络在医疗研究、护理领域也可以大展身手。罗彻斯特大学的科学家使用无线传感器创建了一个智能医疗房间，使用微尘来测量居住者的重要征兆（血压、脉搏和呼吸）、睡觉姿势以及每天 24 小时的活动状况。英特尔公司也推出了无线传感器网络的家庭护理技术。该技术是作为探讨应对老龄化社会的技术项目（Center for Aging Services Technologies，CAST）的一个环节开发的。该系统通过在鞋、家具以及家用电器等家具和设备中嵌入半导体传感器，帮助老龄人士、阿尔茨海默氏病患者以及残障人士的家庭生活。利用无线通信将各传感器联网可高效传递必要的信息从而方便接受护理，而且还可以减轻护理人员的负担。

（4）在信息家电设备中的应用。在家电和家具中嵌入传感器节点，通过无线网络与互联网连接在一起，将为人们提供更加舒适、方便和更人性化的智能家居环境。利用远程监控系统可实现对家电的远程遥控，也可以通过图像传感设备随时监控家庭安全情况。利用传感器网络可以建立智能幼儿园，监测儿童的早期教育环境，以及跟踪儿童的活动轨迹。

（5）在建筑物状态监控中的应用。建筑物状态监控是指利用传感器网络来监控建筑物的安全状态。由于建筑物不断进行修补，可能会存在一些安全隐患。虽然地壳偶尔的小震动可能不会带来看得见的损坏，但是也许会在支柱上产生潜在的裂缝，这个裂缝可能会在下一次地震中导致建筑物倒塌。用传统方法检查往往需要将大楼关闭数月，而安装传感器网络的智能建筑可以告诉管理部门它们的状态信息，并自动按照优先级进行一系列自我修复工作。未来的各种摩天大楼可能都会装备这类装置，从而建筑物可自动告诉人们当前是否安全、稳固程度如何等信息。

（6）在空间探索中的应用。用航天器在外星体上撒播一些传感器节点，可以对该星球表面进行长时间的监测。这种方式成本很低，节点体积小，相互之间可以通信，也可以和地面站通信。NASA 的 JPL 实验室研制的 Sensor Webs 项目就是为将来的火星探测进行技术准备。该系统已在佛罗里达宇航中心周围的环境监测项目中进行测试和完善。

（7）在特殊环境中的应用。另外，还有一些传感器网络的重要应用领域，例如：石油管道通常要穿越大片荒无人烟的地区，对管道监控一直是个难题，传统的人力巡查几乎是不可能的事情，而现有的监控产品往往复杂且昂贵。将无线传感器网络布置在管道上可以实时监控管道情况，一旦有破损或恶意破坏都能在控制中心实时了解。加州大学伯克利分校的研究员认为，如果美国加州将这种技术应用于电力使用状况监控，电力调控中心每年将可以节省7亿~8亿美元。

从21世纪开始，传感器网络引起学术、军事和工业界的极大关注，美国和欧洲相继启动很多有关无线传感器网络的研究计划。无线传感器网络是涉及传感器技术、计算机网络技术、无线传输技术、嵌入式计算技术、分布式信息处理技术、微电子制造技术、软件编程技术等多学科交叉的研究领域，它具有鲜明的跨学科研究的特点。

（8）其他用途。无线传感器网络还被应用于其他一些领域。比如：一些危险的工业环境如井矿、核电厂等，工作人员可以通过它来实施安全监测；也可以用在交通领域作为车辆监控的有力工具。此外，还可以在工业自动化生产线等诸多领域，英特尔正在对工厂中的一个无线网络进行测试，该网络由40台机器上的210个传感器组成，这样组成的监控系统将可以大大改善工厂的运作条件。它可以大幅降低检查设备的成本，同时由于可以提前发现问题，因此将能够缩短停机时间，提高效率，并延长设备的使用时间。尽管无线传感器技术目前仍处于初步应用阶段，但已经展示出了非凡的应用价值，相信随着相关技术的发展和推进，一定会得到更大的应用。

1.7 无线网状网应用领域与关键技术的研究

1.7.1 无线网状网发展的背景

无线网状网出现在20世纪90年代中期，在2000年后开始引起人们的重视。2000年初，业界出现了几件重要的事件，使得人们开始重视无线网状网技术。美国ITT公司将它为美国军方战术移动通信系统的一些专利转让给Mesh公司。在此基础上，该公司生产民用无线多跳自组网络产品推向市场。同时，Nokia、Nortel Network、Tropos、SkyPilot、Radiant等公司联合开发的无线网状网产品问世。2005年，Motorola公司收购Mesh公司。在无线城域网标准802.16的研究过程中，802.16a增加对无线网状网结构的支持。802.16与802.16a经过修订后统一命名为802.16d，于2004年5月正式公布。2004年底，Nortel公司在我国的一个城市组建一个大型的、延伸WLAN覆盖范围的WMN网络系统，用于宽带无线接入。从技术之间的融合、应用的关系来看，无线自组网（Ad Hoc）与无线网状网（WMN）技术一直和技术成熟的无线局域网（WLAN）、无线宽带接入网（WBAN）紧密结合。可以预见，未来的5G时代也必然是多种技术与标准的共存、结合与补充。

1.7.2　无线网状网的技术特点

无线网状网是在无线自组网技术基础上发展起来的一种基于多跳路由、对等结构、高容量的网络,其本身可以动态扩展,具有自组网、自配置、自修复的特征。无线网状网支持分布式控制,以及 Web、VoIP 与多媒体等无线通信业务。无线网状网作为对无线局域网、无线城域网技术的补充,成为解决无线接入"最后一公里"问题的新方案。这几种网络技术之间的区别如下:

(1) 无线网状网与无线自组网的区别。

从自组织的角度来看,无线网状网与无线自组网都采用 P2P 的自组织的多跳网络结构,但是无线自组网的网络节点都兼有主机和路由的功能,节点地位平等,节点之间以平等合作的方式实现连通。无线网状网是由无线路由器 (Wireless Router, WR) 构成无线骨干网。无线骨干网提供大范围的信号覆盖与节点连接。

从网络拓扑的角度来看,无线网状网与无线自组网相似,但是节点功能差异很大。无线网状网节点的移动性弱于无线自组网节点。无线网状网多为静态或弱移动的拓扑,而无线自组网更强调节点的移动和网络拓扑的快速变化。

从设计思想上来看,无线网状网注重于"无线",而无线自组网更注重于"移动"。无线自组网节点的主要功能是传输一对节点之间的数据,而无线网状网节点主要是传输互联网的数据。无线网状网的大多数节点基本是静止不动的,节点不以电池为能源,拓扑变化相对比较小。

从应用的角度来看,无线网状网主要是用于互联网的接入,而无线自组网主要用于军事通信。

(2) 无线网状网与无线局域网的区别。

从网络拓扑的角度来看,无线网状网采用 P2P 的自组织的多跳网络结构;而无线局域网采用的是点对多点 (Point to MultiplePoint, P2MP) 结构和单跳方式工作,节点本身不承担数据转发的任务。

从网络范围的角度来看,无线局域网在相对比较小的范围内提供 11~54Mbps 的高速数据传输服务,典型的节点到服务接入点 (Accesses Point, AP) 的距离在几百米以内;无线网状网则是利用无线路由器组成的骨干网,将接入距离扩展到几公里的范围。

从网络协议的角度来看,无线网状网与无线局域网有很多共同之处。无线局域网主要完成本地接入业务;无线网状网既要完成本地接入业务,又要完成其他节点的数据转发功能。因此,无线局域网采用的是静态路由协议与移动 IP 协议的结合,而无线网状网主要采用生命周期很短的动态按需发现的路由协议。

（3）无线网状网与无线城域网的区别。

无线城域网采用的是星型结构，一旦一条通信信道发生故障，可能造成大范围的通信中断；而无线网状网采用网状结构，一条通信信道故障，节点将自动转向其他信道，因此无线网状网自愈能力强。无线城域网投资成本大；而无线网状网的组网设备——无线路由器、接入点设备的价格远低于无线城域网基站设备的价格，因此可以降低组网和维护的成本。

通过以上的比较可以看出，无线网状网具有组网灵活、成本低、维护方便、覆盖范围大以及建设风险相对比较小的优点。需要注意的是，无线网状网有很好的发展和应用前景，但是这项技术正在发展的过程中，还不成熟。

1.7.3 无线网状网的网络结构

无线网状网是在无线自组网技术基础上发展起来，它在与无线局域网、无线城域网技术的结合过程中，为适应不同的应用呈现出不同的网络结构。

（1）平面网络结构。平面结构是一种最简单的无线网状网结构。平面网络结构中所有的无线网状网节点采用 P2P 结构，每个节点都执行相同的 MAC、路由、网管与安全协议，它的作用与无线自组网的节点相同。实际上，平面结构的无线网状网退化为普通的无线自组网。

（2）多级网络结构。网络下层由终端设备组成，这些设备可以是普通的 VoIP 手机、带有无线通信设备的笔记本电脑、无线 PDA 等；网络上层由无线路由器（WR）构成无线通信环境，并通过网关接入互联网。下层的终端设备接入到无线路由器，无线路由器通过路由协议与管理控制功能为下层终端设备之间的通信选择最佳路径。下层的终端设备之间不具备通信功能。

（3）混合网络结构。它是将平面结构与多级结构相结合，以实现优势互补。骨干网采用无线城域网，充分发挥无线城域网技术的远距离、高带宽的优点，在 50km 范围内提供最高为 70Mbps 的传输速率；接入网采用无线局域网，满足一定的地理范围内的用户无线接入需求；底层采用平面结构的无线网状网，无线局域网接入点可以与邻近的无线网状网路由器连接，由无线网状网路由器组成的无线自组网传输平台，实现无线局域网不能覆盖范围的大量 VoIP 手机、笔记本电脑、无线 PDA 等设备接入。这种结构着眼于延伸无线局域网的覆盖范围，提供更为方便、灵活的城域范围无线宽带接入，这是人们所能看到的无线自组网转向民用的最重要应用之一。

参考文献

[1]　宋文，王兵，周应宾. 无线传感器网络技术与应用 [M]. 北京：电子工业出版

社，2007.

[2] 英春，史美林. 自组网体系结构研究 [J]. 通信学报，1999，20（9）：164~165.

[3] Estrin D, Govindan R, Heiemann J, et al. Next Century Challenge: Scalable Coordination in Sensor Networks [C] // Proceedings of 5th Annual Joint ACM/IEEE International Conference on Mobile Computing and Networking（MOBICOM'99），Seattle, WA, 1999: 263~270.

[4] Agre J, Clare L. An Integrated Architecture for Cooperative Sensing Networks [C] // IEEE Computer Magazine, 2000, 33（5）: 106~108.

[5] Akyildiz L F, Su W L, Sankarasubramaniam Y, et al. Wireless Sensor Network: A Survey on Computer Network [C] // IEEE Communications Magazine, 2002, 40（8）: 102~114.

[6] 马祖长，孙怡宁，梅涛. 无线传感器网络综述 [J]. 通信学报，2004，25（4）：114~124.

[7] 严军. 无线传感器网络密钥管理方案的研究 [D]. 成都：电子科技大学，2007：9~11.

[8] 周贤伟，覃伯平，徐福华. 无线传感器网络与安全 [M]. 北京：国防工业出版社，2007：1~7，165~169.

[9] 孙利民，李建中，陈渝，等. 无线传感器网络 [M]. 北京：清华大学出版社，2005：9~13.

[10] 王殊，阎毓杰，胡富平，等. 无线传感器网络的理论及应用 [M]. 北京：清华大学出版社，2005：1~4，14~16.

2 无线传感器网络的安全技术

2.1 无线传感器网络的安全问题概述

现有的传感器节点具有很大的安全漏洞，攻击者通过此漏洞，可方便地获取传感器节点中的机密信息、修改传感器节点中的程序代码，如使得传感器节点具有多个身份 ID，从而以多个身份在传感器网络中进行通信。另外，攻击还可以通过获取存储在传感器节点中的密钥、代码等信息进行，从而伪造或伪装成合法节点加入到传感网络中。一旦控制了传感器网络中的一部分节点后，攻击者就可以发动很多种攻击，如监听传感器网络中传输的信息，向传感器网络中发布假的路由信息或传送假的传感信息、进行拒绝服务攻击等。

对策：由于传感器节点容易被物理操纵，是传感器网络不可回避的安全问题，必须通过其他的技术方案来提高传感器网络的安全性能。如在通信前进行节点与节点的身份认证；设计新的密钥协商方案，使得即使有一小部分节点被操纵后，攻击者也不能或很难从获取的节点信息推导出其他节点的密钥信息等。另外，还可以通过对传感器节点软件的合法性进行认证等措施来提高节点本身的安全性能。

根据无线传播和网络部署特点，攻击者很容易通过节点间的传输而获得敏感或者私有的信息，如：在使用 WSN 监控室内温度和灯光的场景中，部署在室外的无线接收器可以获取室内传感器发送过来的温度和灯光信息；同样攻击者通过监听室内和室外节点间信息的传输，也可以获知室内信息，从而非法获取出房屋主人的生活习惯等私密信息。

对策：对传输信息加密可以解决窃听问题，但需要一个灵活、强健的密钥交换和管理方案，密钥管理方案必须容易部署而且适合传感节点资源有限的特点，另外，密钥管理方案还必须保证当部分节点被操纵后（这样，攻击者就可以获取存储在这个节点中的生成会话密钥的信息），不会破坏整个网络的安全性。由于传感器节点的内存资源有限，使得在传感器网络中实现大多数节点间端到端安全不切实际。然而在传感器网络中可以实现跳-跳之间的信息的加密，这样传感器节点只要与邻居节点共享密钥就可以了。在这种情况下，即使攻击者捕获了一个通信节点，也只是影响相邻节点间的安全。但当攻击者通过操纵节点发送虚假路由消息，就会影响整个网络的路由拓扑。解决这种问题的办法是具有鲁棒性的路由协议，另外一种方法是多路径路由，通过多个路径传输部分信息，并在目的地进行重组。

传感器网络是用于收集信息作为主要目的的，攻击者可以通过窃听、加入伪造的非法节点等方式获取这些敏感信息，如果攻击者知道怎样从多路信息中获取有限信息的相关算法，那么攻击者就可以通过大量获取的信息导出有效信息。一般传感器中的私有性问题，并不是通过传感器网络去获取不大可能收集到的信息，而是攻击者通过远程监听 WSN，从而获得大量的信息，并根据特定算法分析出其中的私有性问题。因此，攻击者并不需要物理接触传感节点，是一种低风险、匿名的获得私有信息方式。远程监听还可以使单个攻击者同时获取多个节点的传输的信息。

对策：保证网络中的传感信息只有可信实体才可以访问是保证私有性问题的最好方法，这可通过数据加密和访问控制来实现；另外一种方法是限制网络所发送信息的粒度，因为信息越详细，越有可能泄露私有性，比如：一个簇节点可以通过对从相邻节点接收到的大量信息进行汇集处理，并只传送处理结果，从而达到数据匿名化。

2.2 无线传感器网络协议栈的安全

传感器网络安全解决方案的设计存在着很多难以解决的困难，需要从整体出发，多方位、多层次地考虑其安全问题。

分布式传感器网络协议栈的层次和传统的 Internet 网络层次的参考模型有着很大的区别。由于传感器网络自身的特性，能量的节约是首要考虑的问题。为了减少各个层次之间的交互，采用两种办法：一是把一些相关的层次进行合并，减少网络层次；二是在设计中，各层次之间的相互耦合性较大，有些在设计时，甚至只有物理层、链路层和应用层。

在分布式传感器网络的发展过程中，其 Sink 节点和感知节点所使用的协议栈逐渐趋于一致。目前，所使用的协议栈多为如图 2-1 所示的协议栈[1]。

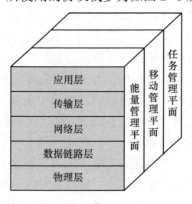

图 2-1 传感器网络协议栈

这个协议栈结合了能量消耗、移动管理、网络协议的数据融合，通过相应机制保证能量高效地进行无线通信，提高传感器节点的协作能力。其协议栈由物理层、数据链路层、网络层、传输层、应用层、能量管理平面、移动管理平面和任务管理平面组成。在物理层需要简单的、具有顽健性的调制、传输和接收技术。既然传感器节点有噪声且可能是移动的，那么媒体接入控制（MAC，Medium Access Control）协议必须是节约能量的，并且需要最小化的邻居广播冲突。网络层主要关心的是为传输层的数据提供路由功能。传输层在传感器网络应用层需要的情况下，有助于维护数据流。依靠感知的任务，不同类型的应用软件可以在应用层建立和使用。另外，能量、移动和任务管理平面监控传感器节点之间的能量、移动性和任务的分派。这些平面有助于传感器节点之间协调任务以及降低整体能量消耗。

能量管理平面管理传感器节点如何使用其能量。例如：传感器节点在从其邻居节点接收到信息之后，就可能关闭其接收装置，这样就避免了重复接收信息。当传感器节点的能量变得比较低的时候，传感器节点通过广播的方式通知其邻居节点，不能够参与路由过程，剩下的能量被保留下来做信息感知用。移动管理平面探测和注册传感器节点的移动，这样传感器节点可以保持对邻居节点的跟踪。通过知道邻居节点是谁，传感器节点可以平衡它们的能量消耗和协调任务的执行。任务管理平面是用来平衡和计划给定区域内的感知任务的。并不是区域内的所有传感器节点都需要在同一时间内执行感知任务，应该根据其能量的多少、任务的需求、传感器节点执行的任务而有所不同。任务管理平面使得传感器网络能够高效地利用能量，实现网络更好地协同工作，在网络中进行数据路由以及在网络之间进行资源共享。

需要特别指出的是，基本上所有的传感器节点都是由物理层、数据链路层、网络层、传输层和应用层组成；对传输层目前考虑得很少，甚至有些结构中就没有考虑传输层；分布式传感器网络协议栈中的层次关系和传统网络的层次关系是有区别的，为了减少能量消耗，各层之间的界限比较模糊，通常采用协议的跨层设计。协议栈中的管理平面对传感器网络的负载和能量的消耗有着一定的影响，需要保持网络的管理和可用性之间的平衡，以及网络的安全性和可用性之间的平衡[2]。

（1）物理层。在分布式传感器网络中，物理层有着巨大的未研究的空间。开放研究的范围从能量高效的传输设计到调制模式。调制模式：需要为传感器网络研究简单的、低功率的调制模式。调制模式为基带，如 UWB 或者是通频带。克服信号传输效率过低的策略。

（2）数据链路层。数据链路层主要负责数据流的多路技术、数据帧监测、媒体控制和错误控制，在通信网络中保证点到点、点到多点的可用性。

无线传感器网络由大量的传感器节点组成，通过无线多跳的方式实现自组织通信。在无线传感器网络中，拓扑改变更加频繁，这主要是节点的移动、失效和能量耗尽所造成的，移动的速度可能低于 MANET。本质上，在传感器网络中通过能量节约来维持网络的生命是最重要的，这就意味着现存的蓝牙或者 MANET 的 MAC 协议不能直接应用在无线传感器网络中。

数据链路层是传感器网络中非常引人关注的一个层次。在数据链路层主要考虑以下问题。首先，从相应的 MAC 协议方面出发，在分析现有 MAC 的基础上，改进和设计相应的算法和协议来实现传感器网络的动态性、自组织性；其次，考虑传感器网络的安全接入和离开；最后，保证相应的 QoS，部分抵制 DoS 攻击。

（3）网络层。安全的路由协议是传感器网络的非常重要的一个方面。根据传感器网络的组网方式来设计安全的路由协议，以抵制敌人的各种攻击，在很多的情况下可能需要节点隐藏。另外，高效、安全的路由是网络健壮性和可用性的重要体现，所以首先要考虑清楚无线传感器网络面临的安全威胁。

（4）传输层。传输层协议仍然没有很好地开发。每一个节点都是存储和能量受限的，可能使用的是纯粹的 UDP 类型的协议。当系统通过互联网或者其他的外部网络访问传感器网络的时候，这一层就显得十分重要。

（5）应用层协议。

1）传感器管理协议；

2）TADAP；

3）SQDDP。

2.3 无线传感器网络的密钥管理

在整个无线传感器网络的研究中，安全是需要优先考虑的问题之一。尤其对于军事应用而言，传感器节点往往暴露在敌手的可攻击范围内，因此这些传感器节点很容易被捕获。通常传感器节点具有低成本等特性，一旦这些部署的传感器节点被捕获，则节点内存储的密钥信息都可能被获取，敌手可能通过篡改、伪造信息等方式，最终攻击整个传感器网络，这将严重危害到国家的信息安全。无线传感器网络的安全主要包括路由安全、密钥管理、入侵检测、加密解密算法、认证等多个方面。其中，加密解密、认证以及密钥管理是整个传感器网络安全的前提条件[3]。

由于传感器节点的计算能力弱、存储空间小、无线通信范围较小等特点，这些节点很容易受到物理或者人为的破坏。此外，传感器网络采用微型电池、无线数据通道等技术，使得传感器节点更容易受到攻击。通常情况下，攻击手段主要包括被动监听、网络入侵、拒绝服务攻击、重放和伪造信息等。

由于存在资源受限、规模大、分布密度大、网络自组性、网络拓扑结构动态变化、数据冗余、安全性差这些特点，传统的公钥密码体制并不适用于无线传感器网络，这也决定了研究针对无线传感器网络的密钥管理方案的必要性。虽然目前已经提出了很多的方案，但都存在不足之处。正是基于解决存在的不足出发，需要研究适用于无线传感器网络的高效、安全、可靠的密钥管理方案。

由于传感器节点有限的计算能力和内存空间，而传统的网络密钥管理方案不适合无线传感器网络，从而使研究无线传感器网络的密钥管理方案具有较大的现实意义。但现有的无线传感器网络的密钥管理预分配方案无法在安全性、计算负载和存储消耗方面找到更好的平衡。

2.4 拒绝服务（DoS）攻击的原理及防御技术

DoS 攻击主要用于破坏网络的可用性，减少、降低执行网络或系统执行某一期望功能能力的任何事件。如试图中断、颠覆或毁坏传感网络，另外还包括硬件失败、软件 bug、资源耗尽、环境条件等。这里我们主要考虑协议和设计层面的漏洞。确定一个错误或一系列错误是否是有意 DoS 攻击造成的，是很困难的，特别是在大规模的网络中，因为此时传感器网络本身就具有比较高的单个节点失效率。

DoS 攻击可以发生在物理层，如信道阻塞，这可能包括在网络中恶意干扰网络中协议的传送或者物理损害传感节点。攻击者还可以发起快速消耗传感器节点能量的攻击，比如，向目标节点连续发送大量无用信息，目标节点就会消耗能量处理这些信息，并把这些信息传送给其他节点。如果攻击者捕获了传感节点，那么他还可以伪造或伪装成合法节点发起这些 DoS 攻击，比如，它可以产生循环路由，从而耗尽这个循环中节点的能量。防御 DoS 攻击的方法没有一个固定的方法，它随着攻击者攻击方法的不同而不同。一些跳频和扩频技术可以用来减轻网络堵塞问题。恰当的认证可以防止在网络中插入无用信息，然而，这些协议必须十分有效，否则它也会被用来当作 DoS 攻击的手段。比如，使用基于非对称密码机制的数字签名可以用来进行信息认证，但是创建和验证签名是一个计算速度慢、能量消耗大的计算，攻击者可以在网络中引入大量的这种信息，就会有效地实施 DoS 攻击。

2.5 无线传感器网络的安全路由

在如今，无线传感器网络已渗入到各个领域。无线传感器网络方便人类生活的同时，因其工作在高度开放与合作的环境中，加上本身节点链接的脆弱性、缺失身份认证、缺乏管理点和缺乏集中监控、拓扑结构动态化的特性，使其存在诸多安全威胁。尤其是针对路由层的攻击，稍出差错，就有可能致使整个无线传感器网络瘫痪。路由的安全关系到整个无线传感器网络的运行，掌控路由技术尤为关键。

无线传感器网络的节点设备都是暴露的，得不到物理安全保护，加上是无线传输的通信方式，极大增加了网络的安全问题。此外，由于无线传感器没有基础设施，且所有的业务与拓扑结构均是动态变化的，少了基础设备的支持，脆弱的无线链路就易于受到各种网络攻击，网络安全受到威胁。

安全问题有：

（1）机密性。保证合法发送者与接收者的数据信息，防止敌手截取到传输的明文内容。

（2）可用性。保证整个网络可用，即使网络遭到拒绝服务的攻击。采取保护措施包括：入侵检测技术、网络自我恢复技术、入侵容忍技术与加入冗余信息。

（3）消息认证。保证网络消息来源的可靠性与合法性，即是确认该数据包不是被冒充的，而是由该节点输送的。身份认证、消息签名机制、消息散列与访问控制等措施可用于消息认证。

（4）数据完整性。保证数据包未被恶意节点篡改，可采用循环冗余校验或者消息认证码（MAC）检测传送过程中数据包有无随机错误被篡改。

（5）安全管理。安全维护与安全引导都属于安全管理的内容。

经常受到来自网络层的攻击，如伪造路由信息、数据包传递、迷惑攻击、隧道攻击、重放攻击和确认欺骗等。广播媒介本身的属性，给攻击者得以窃听到附近节点传送过来的数据包，方便其将伪造的链路层确认发送。对于某些依赖明确或潜在链路层确认的路由更是容易遭到攻击。攻击者通过让目标节点沿失效的节点发送数据包，进行选择性信息转发攻击。

网络本身就存有漏洞，容易受到各种攻击，通常路由层遭受到的攻击最为集中，严重时会使整个网络不能工作。所以安全路由技术对于保障无线传感器网络的安全至关重要，尤其是未来无线传感器网络规模越来越大，路由安全问题就必须要解决。

参考文献

[1]　沈玉龙，等. 无线传感器网络安全技术概论［M］. 北京：人民邮电出版社，2010.

[2]　唐宏，等. 无线传感器网络原理及应用［M］. 北京：人民邮电出版社，2010.

[3]　张学林. 无线传感器网络的密钥管理研究［D］. 重庆：重庆大学，2014.

3 无线传感器网络密钥管理方案的研究

〰〰

　　无线传感器网络的密钥管理是无线传感器网络安全技术的研究内容之一。本章对现有逻辑密钥树（Logical Key Hierarchy，LKH）密钥管理方案、分簇无线传感器网络中密钥管理方案的不足，首先提出了一种基于 LKH 的组播密钥管理方案，该方案是对 LKH 方案进行的扩展，方案中用到传感器节点的剩余能量，按照节点剩余能量的多少来构建树结构，该树结构中令剩余能量低的节点处于树的右侧或充当叶子节点，这与传统密钥树（即 LKH 密钥树）的创建过程不同。通过采用本方案后密钥更新量的分析和仿真，说明了本方案在节点失效后产生的密钥更新代价比传统密钥树（LKH）要小，并且通过分析本方案可支持的网络规模、节点的密钥存储量，进一步证明了本方案具有较好的性能。

　　总结了现有分簇无线传感器网络中密钥管理方案的缺点，提出一种新的无线传感器网络中层次树密钥管理方案，解决了网络的安全性、存储量等问题，层次树中，由树根开始，从上到下产生每个节点的密钥，层次树的层数会随着网络中节点个数的变化而改变，树中每个节点与网络中实际存在的节点相对应。在分簇无线传感器网络中，采用该方案，一个簇内的节点会形成以簇头为根节点的簇内层次树；从全部簇头中，选择一个能力最强的节点作为 leader 节点，则在整个网络中形成以 leader 节点为根的簇间层次树。

3.1　无线传感器网络密钥管理方案

　　无线传感器网络是一种资源受限、容易被攻击的网络结构，密钥管理方案的有效实施部分取决于所采用方案能否使网络幸存于遇到的各种攻击。广义上，根据能否向整个网络传递更新的密钥，可以将密钥管理方案分为动态密钥管理方案和静态密钥管理方案；根据密钥分配过程中节点的任务是否相同，可以将密钥管理方案分为同构密钥管理方案和异构密钥管理方案，采用同构密钥管理方案网络中所有节点的功能相同，且该类方案通常采用平面网络拓扑结构，而采用异构密钥管理方案网络中节点担负不同的任务，该类方案适用于平面或分簇网络结构；其他的划分标准包括节点是否是匿名的或是否有预先配置的信息，若有，则考虑什么时候部署这些信息（如在部署网络前、部署网络后或两个过程中都进行）及采用何种部署信息（如基于位置的部署信息）等，以便把该信息传递给节点[1]。分布式密钥管理模型是一种静态的、同构的密钥管理方案，其安全模型在网络部署前就建立了，基于分组、分簇 WSN 的密钥管理模型是动态的、异构的密钥管理方案，方案中，节点的任务有所不同，组内控制节点或簇内的簇头节点具有更强的处理能力，除了采集信息外还负责融合本组或本簇内的信息，并在节点失效后可以进行网络的动态更新。根据无线传感器网络的结构[2]，近年来已提出许多的密钥管理方案，如基于分布式的密钥管理方案、基于分组 WSN 的密钥管理方案、基于分簇 WSN 的密钥管理方案等。

3.1.1 基于分布式的密钥管理方案

分布式传感器网络（Distributed Sensor Networks，DSNs）是由具有有限计算能力和通信能力的传感器节点构成的移动 Ad Hoc 网络。DSNs 是动态的网络，节点部署后，允许动态地加入或删除节点，用以扩大网络规模或用新节点替代失效及不可靠的传感器节点。DSNs 可以部署在敌方区域中，在这些区域中节点间的通信会被敌方监视，甚至被俘获，而敌方会暗中使用被俘获节点包含的信息。因此，DSNs 需要对节点间的通信过程进行加密保护，并具有感知捕获检测的能力以进行密钥的更新。该类密钥管理方案没有固定不变的基础设备，网络中所有传感器节点都是对等的，最早的密钥预分配方案存在的问题是每个节点的密钥存储量大，并且传感器节点间相互通信所带来的通信开销代价高，这对于具有有限计算能力、通信能力和存储能力的传感器节点来说是不能容忍的。针对存在的不足，在后续提出的许多改进方案中从不同的方面分别对该方案进行了改进：如由 Eschenauer 与 Gligor（E&G）最早提出的随机密钥预分配方案，其基本思想是为网络中的每个传感器节点都分配定量的密钥，该部分密钥是从一个大的密钥池中随机选择的，密钥的选取具有一定的随机性但同时也保证了任何两个节点间以预先设定的概率含有共同密钥[3]；再如提高网络安全性的预分配方案及基于位置信息的预分配方案等。

当前提出的许多密钥管理方案中，并没有考虑到传感器节点的动态加入和删除，而对于能量受限、安全性需求高的无线传感器网络来说，这方面是至关重要的。密钥的更新主要由两部分构成：节点的加入和删除。随着网络运行时间的增加，网络中会有越来越多的失效节点，为了保证监测数据的准确性，需要插入一些新的节点来补充；而当网络中有节点被敌方捕获时，需要把这些节点隔离到网络之外，以保证剩余网络的安全。所以，无线传感器网络中密钥的有效添加和删除是至关重要的，也是保证网络持续可用必须采取的措施。基于预分配方式的协议主要有预置全局密钥、预置所有对密钥、随机密钥预分配方案等。

（1）预置全局密钥。最简单的密钥管理方式是假定节点的能量是受限的，在网络初始化时，给每个节点分配相同的公钥进行加密、解密，与此同时使用该公钥进行节点的身份认证和密钥的动态更新，因此，密钥应预先分配给每个节点，之后所有传感器节点都广播密钥协商信息以便于和各自的邻居节点协商会话密钥。这种方案的优点是计算量小，并且因为在整个网络中所有节点都使用一个公钥，加入新节点比较容易，节点间的通信容易实现，网络的连通性能好；缺点是存在单点失效问题，一旦一个节点被俘获就会导致整个网络受到攻击，网络的安全性较差[4]。

（2）预置所有对密钥。Bocheng 等人提出了一种预置所有对密钥的密钥管理方案[5]，为了保证网络的安全，该方案考虑到令每对传感器节点采用不同的密钥进行通信，即任意两个传感器节点共有一对密钥，并分别存储在两个节点中，这样每个节点就要保存该节点与网络中其他 $n-1$（n 为网络中传感器节点的总数）个节点之间的密钥，因此任意节点存储的对密钥数为 $n-1$。该方案具有许多优点，如节点间通信过程不依赖于固定设备，节点计算密钥过程简单，并且由于任何一对节点间的共同密钥不被其他传感器节点所知，因此当一个节点被俘获后不会使得网络中其他节点的通信安全性受到影响，节点失效后网络的恢复性好；该方案的缺点是：由于每个节点需要存储与网络中其他每个节点的共有密钥，因此节点的存储量与网络规模成线性比例，当网络中部署大量传感器节点时，节点的密钥存储数量将会急剧的增加，因此该方案并不适用于大规模的无线传感器网络。

（3）随机密钥预分配。E&G 所提出的随机密钥预分配模型，其具体工作过程包含三个阶段[6]，分别是密钥分配及产生阶段、寻找共同密钥阶段和建立路径密钥阶段。为了叙述方便起见，表 3-1 定义了几个符号的含义。

表 3-1　符号含义对应表

符号	意义
n	无线传感器网络的大小，即网络中所具有传感器节点的总数
S	密钥池，用于存放网络中的全部密钥
$\lvert S \rvert$	密钥池中所含有的密钥总数
m	密钥环大小，即一个节点存放的密钥个数
i	两个节点含有共享密钥个数
$p(i)$	任何两个节点间含有 i 个共有密钥的概率
P	两个节点间至少共有一个密钥的概率
c	实数

在密钥产生阶段，会从一个大的密钥空间中分配一个密钥池 S 给整个无线传感器网络，并分配一个独一无二的密钥标识符给每个密钥。节点布置前，从分配的密钥池中随机选择 m 个密钥及密钥所对应的密钥标识符（m 的选取要满足一定的条件，即一对节点间共享至少一个密钥的几率不小于概率 P，该 P 值是已知

的），所选择的 m 个密钥构成了密钥环，之后把不同的密钥环分配给不同的传感器节点，使得每个节点都保存有一个密钥环；第二阶段是寻找共同密钥，网络初始化过程完成后，所有节点都广播各自密钥环中所有密钥的密钥标识符给各自的直接邻居节点，邻居节点收到后会查询其存储密钥对应的那些密钥标识符，若含有与接收信息中相同的密钥标识符则会应答收到的信息，该阶段完成后，每个节点都会找到那些与自己有公共密钥、在通信范围内的节点；第三阶段是建立路径密钥，该阶段主要针对在第二阶段没有找到共同密钥的邻居节点，这些节点会与那些和自己无共享密钥的邻居节点商量相同密钥，该密钥称为路径密钥，并将该值作为二者的通信密钥。

采用该方案网络的理想连通度 d 的计算见式（3-1）：

$$d = [\ln(n) - \ln(-\ln(c))] \times (n-1)/n \qquad (3-1)$$

假设 k 是一个节点通信范围内邻居节点个数的期望值，则两个节点间成功建立共享密钥的概率为公式（3-2）：

$$P = d/k \qquad (3-2)$$

与前两种方案相比，该方案的优点是计算密钥过程简单，由于节点所存储的密钥为网络中密钥的一部分而非全部密钥，因此该方案支持节点的动态加入；缺点是密钥池大小的选定及网络连通度的选取过程困难，如果密钥池大则节点间含有共同密钥的概率会降低但网络的安全性能好，如果密钥池小，两节点之间找到共享密钥的可能性会提高，但在敌方俘获较少节点的情况下就有可能得到网络中的全部密钥。

（4）q-composite 随机密钥预分布模型。为了提高网络的安全性能，Chan 等人对 E&G 方案进行改进，提出了 q-composite 模型[7]，该模型和基本方案 E&G 的过程是相似的，也应用到密钥池，但要求两个相邻节点在至少共有 q（$q>1$）个密钥的前提下来计算最后使用的密钥，设两个节点共有密钥个数为 t（$t \geq q$）个，分别是 k_1、k_2、$\cdots$、k_t，则所有 t 个共享密钥用 Hash 函数生成一个通信密钥 $K = $ Hash（$k_1 \| k_2 \| \cdots \| k_t$），作为两个节点之间的最终通信密钥。该方案所用到的变量见表 3-1，则根据文献 [4]，可得到两个节点间存在 i 个共有密钥的概率为公式（3-3）：

$$p(i) = C_S^i \times C_{S-i}^{2 \times (m-i)} \times C_{S-i}^{2 \times (m-i)} / C_S^m \times C_S^m \qquad (3-3)$$

同理可知：

$$P = 1 - [p(0) + p(1) + \cdots + p(q-1)] \qquad (3-4)$$

与随机密钥预分配方案相比，该方案的优点是节点被俘获后网络的恢复能力较强，少数节点被捕获后，对网络中剩余节点间通信影响小，缺点是密钥的重复度大，随着节点的增加，网络中需要添加的密钥数量大于所添加节点数目，因此该方案不适用于大规模的网络部署。

（5）基于位置信息的密钥管理方案。蔡晓等人提出一种基于位置的随机密钥管理方案，该方案是针对随机密钥对模型的不足而提出的改进方案，方案中引入了节点的地理位置信息。与随机密钥预分配方案相似，该方案在网络部署前，同样分配许多密钥给每个节点，并将节点的密钥与其位置信息联系起来，通过把节点的标识符信息设为该节点的地理位置来实现。节点部署后，会根据定位算法来获得各自的位置信息，并把该位置与节点的密钥位置之间的距离计算出来，根据该距离确定每个节点密钥的优先级，该优先级与所计算的距离成反比，即距离越长则节点的优先级就越低，反之，则优先级越高，最终选择优先级高的一些密钥进行保留，并丢弃那些低优先级的密钥[8]。文献［9］中，把密钥池分为许多不同的密钥子空间，子空间中有一部分共有密钥，传感器节点从相应的密钥子集中选取密钥，随后将传感器网络划分成多个区域，每个区域的传感器具有不同的区域标识，并根据地理位置来部署传感器节点。两种方案中根据节点的位置信息实现了密钥管理方案，与原有预分配方案相比，提高了节点间进行安全通信的概率，但在节点计算共同密钥的过程中计算量大，耗费了节点的能量。

3.1.2 组播密钥管理方案

随着 Internet 的迅速发展，组播密钥管理作为其中基于组应用的有效通信机制，目前已经成为热点问题。大多数的网络应用都基于客户/服务器模式并利用多播或点对点通信方式进行数据包的传递，许多新出现的网络应用如远程电信会议、信息服务、分布式交互仿真、协同工作都是基于组播通信模型的，尤其是该类模型允许一个或多个授权发送者把数据包发送给多个授权接收者。可以预见在未来几年里，使用组播通信进行大规模的网络部署会加快发展，安全组播通信将变得非常重要[10]，但与成熟的点对点安全通信手段相比，安全组播通信还面临着很多尚需解决的问题[11]。组播通信中，密钥管理在信息的加密和认证中占据至关重要的地位，提供组成员间信息传递的机密性、可靠性、完整性的安全组播通信机制将会成为一个重要的网络问题。因此，寻找高性能的密钥管理方案是当前研究的重点内容之一。

LKH 密钥管理方案是一种基于逻辑密钥树的密钥管理方案，之所以称为逻辑密钥树，是因为树中除叶子节点是组播成员外，其余节点都是逻辑上的节点，用于加密和解密信息。这种密钥管理方案起初应用于集中控制方式，方案中需要有一个可以信任的组控制器，以便于对组中成员进行动态更新，并利用密钥树对组中的全部组成员进行管理。这类方案无论在节点加入还是删除的情况下，都保证了剩余网络的安全，与此同时，在组成员动态变化时，大量减少了密钥更新数量，并由集中控制方式扩展到分布式及分层分组式[12,13]。

在已提出的两种利用逻辑密钥树生成密钥的方案中，树中所有节点均对应一个密钥，组控制器存储树中的所有密钥，树中最低层的叶子节点与组成员相对应，每个组成员存储从该组成员对应的叶子节点到根节点路径上所有祖先节点对应的密钥；而树中的中间节点通常为辅助节点，用于向上层传递下层节点的密钥，因此所生成的树又称为逻辑密钥树。生成的密钥树中，树根代表组密钥，中间层所形成的密钥是密钥加密密钥，树中叶子节点表示组成员的私有密钥[14,15]。

为了减少密钥更新时的通信开销，Son 等人对逻辑密钥树方案进行了改进，提出了 TKH 方案[16]，该方案根据传感器网络拓扑信息使得物理位置上邻近的节点在密钥树中所处的逻辑位置上也邻近，从而把同样消息通过广播的方式发送给多个相邻的节点，TKH 为四层密钥树，树中根节点代表组密钥，另外三层从上到下依次为树密钥、兄弟密钥及私有密钥，该方案能够应用于任何一个基于树形网络拓扑结构的传感器网络中。虽然这些方案在密钥更新过程中能降低网络的通信开销，但所需要的存储量大，且动态加入和删除节点过程中密钥的更新量大。

3.1.3　基于分组 WSN 的密钥管理方案

在基于分组 WSN 的密钥管理方案中，网络部署后，把传感器节点分成若干个组，并给每个组分配唯一的组密钥，组中的每个传感器节点都有唯一的私有密钥，节点以分组的方式进行数据收集，并通过组密钥进行加密和解密数据来实现信息的传递[17,18]。方案中采用广播方式分发密钥[19] 的思想，考虑到若把同样的消息发送给多个接收者，那么多跳的通信开销将由接收者的位置决定，因此，方案中根据传感器节点的密钥形成了一棵密钥树，使得物理位置上相邻的节点分布在逻辑密钥树的同一子树下，从而利用最小的网络带宽，对同样的消息采用不同密钥进行加密并以广播方式发送给多个接收者，接收者收到后，可以根据对应的解密密钥进行解密运算，该类方案减少了节点间的通信开销，考虑到密钥树中所有节点含有的密钥并不完全相同，因此方案中对于需要单独发送给某个节点的消息，则可以采用该节点所含有的私有密钥进行加密、解密数据，实现了信息的分别发送。

Zhen 等人提出了一种基于分组 WSN 的密钥预分配方案[20]，方案中应用了网络部署信息并把传感区域分成多个大小相等的正六边形，传感器节点则被分成多个组，之后把每个组放到一个六边形网格中，考虑到大多数邻节点都来自同一组或邻近组，为了获得高连接性的网络，就要使得这些组间节点共有密钥的概率更大。方案中根据两个传感器节点是否来自同一组，把传感器节点间的连接分成两类，若节点来自同一组则为组内连接，否则为组间连接，并预先建立两种类型的矩阵，这两种矩阵大小相同仅是用途有所不同，分别用于存放组内密钥和组间密钥。

该方案由两个阶段构成，密钥产生、分配阶段和密钥发现阶段。第一阶段中，所有组都共享一个唯一的秘密矩阵 G（组间密钥矩阵），给每个组分配一个不同的秘密矩阵 A（组内密钥矩阵），之后所有节点都从所在组的矩阵 G 中选择对应列、从所在组的矩阵 A 中选择对应行。这样，同一组中的节点就能计算出它们所共有的对密钥。最后，按照使得两个相邻组间有共同矩阵 B 的原则建立秘密矩阵 B 并进行分配，每个组中可以分配一个或多个矩阵 B，各节点从所在组的矩阵 B 中随机的选择一些行，这样，任何来自相邻组的两个节点若从同一矩阵 B 中选择了一些行也能够找到公共密钥。第二阶段中，邻节点间交换各自的组索引、B 矩阵索引及 G 的列。若两个邻节点来自同一组或相邻组，则它们就有更大的可能性建立安全的通信过程，否则它们彼此间就不能建立通信路径。

该方案利用部署信息确定了网格的大小，极大减少了节点所具有邻节点的数目，并使得邻节点间有更大概率共有秘密矩阵，采用该方案网络连通性能好，节点存储量小，但该方案的前提是理想化的，即假定直升机的位置精确在部署点，这在现实中会有偏差。

3.1.4 基于分簇 WSN 的密钥管理方案

分簇无线传感器网络结构中，将节点动态或静态的分成多个簇，每个簇中有若干个簇头节点，同一簇内的传感器节点具有相同的簇密钥，节点间利用该簇密钥实现信息的传递。根据各个节点的功能及能量不同可以将网络中节点分成三类：基站、簇头节点和普通的传感器节点。网络中普通传感器节点负责对监测区域内的信息进行采集并将得到的信息发送给本簇内的簇头节点；簇头节点负责将节点分簇、收集并融合来自普通传感器节点的信息然后将信息发送给基站；基站充当无线传感器网络与外界网络的接口，它具有的处理能力、通信能力和存储量是不受限制的，该节点主要负责收集和处理传感器节点发送来的数据，与此同时管理整个网络，在大多数密钥管理方案中，都假定基站是安全的、可以信任的[21]。这类方案更适用于无线传感器网络的实际应用，并且分簇可以使得本簇内非簇头节点不必保存与其他簇中节点的通信密钥，从而大大减少了节点密钥存储量；该类方案的缺点是当节点使用簇密钥时，单点失效问题不可避免，一个节点的失效将会使得簇密钥失效，导致本簇内剩余节点受到影响。因此，有效地减少失效节点对剩余网络的影响，是该类方案需要进一步研究的重要问题之一[22,23]。

3.1.4.1 基于 KDC 的密钥管理方案

基于密钥分配中心（Key Distribution Center，KDC）[24] 密钥管理方案的基本思想是：每个传感器节点与 KDC 共有一个密钥，当两个节点想要通信时，由其中一个节点向 KDC 发出请求，KDC 接收请求后，会对节点的可靠性及身份进行验证，若该节点通过认证则 KDC 会为其产生一个用于会话的密钥，并向另一个节点传送该密钥。采用该方案两个节点的通信过程如图 3-1 所示。当节点 A 想与节点 B 进行通信时，节点 A 会先向 KDC 发送请求通信信息，KDC 收到后会验证，若该节点为有效节点，则 KDC 将生成一个会话密钥，之后使用与 A 共有的密钥加密会话密钥后再发送给 A，A 收到后可以解密该信息，从而得到该会话密钥，同时 KDC 使用与 B 的共有密钥加密会话密钥后把它发送给 B，B 同样可以得到该会话密钥，这样 A 与 B 就可以采用该共享会话密钥建立安全的通道进行通信。该类方案的优点是计算过程比较简单，节点的存储量及计算量不大，节点失效后，网络的抵抗性能好；但网络瓶颈及单点失效问题是该类方案的缺点。

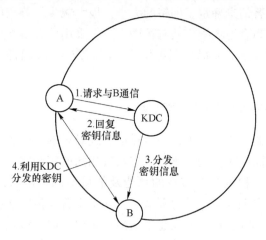

图 3-1　基于 KDC 的会话过程

3.1.4.2　低能耗密钥管理方案

低能耗密钥管理方案[25] 在设计前做了一些假设，首先假设基站有入侵检测能力，可以动态地检测网络，有能力检测出节点的正常与否，如果节点不正常，则将开启删除节点的一些操作；其次，不考虑传感器节点的信任度，簇头节点之间通过广播或单播方式与普通传感器节点进行通信。该类方案支持节点的动态更新及密钥的更新，为了减少能量的消耗，不进行节点之间的通信，网络部署前，分配给每个传感器节点两个密钥，一个与簇头共享，一个与基站共享，所有簇头共享一个密钥，该密钥用于簇头间的广播通信，每个簇头还分配一个与基站共享的密钥及随机分配的传感器节点密钥。在簇形成阶段，簇头节点通过自己通信范围内节点的密钥来确定节点加入某个簇中。增加新的节点时，会由基站随机选取一个簇头节点并将新节点的密钥发送给选择的簇头，新节点经过簇形成阶段后，就加入了该簇。

该类方案的优点是只要求节点具有较低的存储及计算能力，由于节点存储了通信过程中需要的所有密钥，节点不需要进行密钥的计算，因此节点的计算复杂度不高，但由于节点存储了大量密钥，因此该类方案不适合大量节点的加入，网络的可扩展性不好，并且由于节点间的通信及加入节点过程都过分依赖簇头，若干邻近簇头的暴露可能会影响整个网络。

3.1.4.3　轻量级密钥管理方案

Eltoweissy 等人提出了一种轻量级密钥管理方案[26]，该方案引进了组合最优的组密钥算法 EBS，该算法用于密钥的分配与更新。网络部署前给每个传感器节点预配置唯一的标识符和两个密钥，这两个密钥一个与簇头共享，另一个与基站共享。网络初始化阶段，簇头广播自己的信息，基站在收到簇头的信息后，会根据簇头数目构建 EBS 并发送信息给簇头，该信息包括管理密钥和簇头间的会话密钥。

该方案的主要优点是利用 EBS 有效地实现了密钥的产生、分配及密钥的更新，并保证了节点加入和删除后网络的安全性，可以用于大规模网络的部署并支持网络的动态变化，单个节点的俘获对剩余网络安全通信影响不大；缺点是当节点频繁被俘获时，密钥更新量大，该方案也没有很好地解决删除簇头后簇内节点的分配问题，因此需对该方案的分簇算法作进一步改进。

3.1.5　小结

从本节的介绍可以看出，分组、分簇无线传感器网络比分布式无线传感器网络更具有优势。在分组（或分簇）无线传感器网络中，由于以组（或簇）的形式来组织节点，本组（或本簇）内的传感器节点可以把采集的信息发送给本组（或本簇）中的控制节点（或簇头节点），之后由控制节点或簇头把融合的信息发送给基站，从而可以减少所有节点都向基站发送信息所带来的通信开销。

本节首先对无线传感器网络中密钥管理方案进行了分类，并着重介绍了基于分布式的密钥管理方案、组播密钥管理方案、基于分组和分簇 WSN 的密钥管理方案，总结了每类密钥管理方案的优缺点，虽然每类方案中具有不同的优缺点，但方案中的一些共有缺点如密钥存储量大、网络中加入或删除节点后密钥更新量大等，导致了密钥管理方案性能的降低，针对这些方案所共有的缺点，本章在3.2 节和 3.3 节的密钥管理方案中进行了改进，并分别提出了新的密钥管理方案：基于 LKH 的组播密钥管理方案和层次树密钥管理方案，同时对两种方案的性能进行了分析。

3.2　基于 LKH 的组播密钥管理方案

随着组播技术的快速发展，越来越多基于组的应用和服务已经出现在 Internet 中，如 IPTV、多媒体会议、远程教育等。虽然当前提出的许多组播密钥管理方案都适用于无线网络，但却不能达到在有线网络中应用的效果，日益增多的组播应用对组播技术也提出了许多安全性要求。然而，当前的组播方案缺乏安全机制来满足这些需求，组播报文在传输的过程中很容易被窃听及篡改。组播的安全问题主要包括以下四个方面：

（1）信息保密：只有含有解密密钥的组员才能看到报文的内容，其他成员无法得知。

（2）身份认证：非组播内的成员无法得到有效的认证数据，从而无法以正确的身份冒充组成员来传递报文。

（3）匿名性：该方式保证了接收方无法从接收到的组播报文中得出发送方的真实身份信息。

（4）组播报文完整性：该方式可以验证得到的组播报文是否被修改过。

安全组播存在许多待解决的问题，为了解决这些问题，引入组播密钥管理等方案来提高组播安全性。组播密钥管理的作用是解决组管理的安全问题，该安全问题主要包含两方面：一方面是组播密钥的分发，另一方面是当组成员关系变化时对密钥进行必要的管理，即重新生成新的组播密钥，该过程的关键是密钥的生成及分发方式，这种生成及分发必须是对外保密的，使得非本组的组成员无法得到该密钥。

设计一个组播密钥管理方案，需要统筹考虑通信实体的差异、组成员加入和删除后网络的安全、可用性等诸多因素，组播密钥管理所要解决的基本问题如下：

（1）前向私密：保证组成员在退出本组后，除非重新加入，否则无法再参与剩余成员的组播通信过程。

（2）后向私密：保证新加入组成员后，新成员无法知道其加入前的组播报文。

（3）可用性：方案在保证节点失效概率小的同时，当部分组成员失效时，剩余网络中成员的安全组播通信过程仍然能够实现。

（4）密钥生成计算量：一般情况下，生成协商密钥需要较大的计算量，当节点的计算资源不足或密钥更新比较频繁时，要考虑密钥生成过程给节点产生的负载[27,28]。

通过 3.1 节组播密钥管理方案的分析及前面组播密钥管理所要解决的问题，可以看出组播密钥管理方案比分布式密钥管理方案更具有优势。本节要重点探讨的是组播密钥管理如何为组成员生成、发布和更新组密钥，以及由此产生的扩展性、存储量等问题。

已提出的 LKH 方案中，所形成的密钥树为逻辑密钥树，树中除叶子节点外，其余全部是逻辑节点，即树中仅叶子节点与组成员一一对应，因此当网络规模扩大时，所形成的密钥树会很大且由于每个节点都存储其密钥路径（该节点所有祖先节点的密钥所构成的路径）上的所有密钥，因此组控制器及节点自身的存储量大，该类方案扩展性不好，不适合大规模的网络部署。

本节研究的方案是对 LKH 方案进行改进而提出的，方案中令密钥树中所有节点为物理上的组成员，并根据组成员剩余能量多少来组建密钥树，令能量最高的节点充当树的根节点并由它产生全局组播密钥，能量次高的节点位于树中较低的层次，这些节点用于产生局部组播密钥，而能量最低的叶子节点只需要保存各自的私有密钥，从而使得能量低的节点所含有的组播密钥量更少，即使这些节点失效也不会导致密钥树的重组。由于密钥树的重组必然会带来密钥的反复更新和发送，增加网络负担，因此采用本节研究的方案降低了由于反复重组密钥树所带来的通信开销。

3.2.1　基于节点剩余能量的密钥树

在这一部分，首先介绍改进方案的设计和实现。本节所构造的基于节点剩余能量的密钥树模型，树中每个节点直接对应于一个组成员，除根节点外，每个组成员存储各自的私有密钥及密钥路径上的全部密钥（根节点保存私有密钥和全局的组播密钥），本节所定义的树结构为任意 k 叉树（$k>0$），为了研究方便起见，本节以节点所构造的二叉树模型为例进行说明，文中所提到的 LKH，也仅考虑密钥二叉树。

3.2.1.1　二叉树的生成

节点部署后，假设组控制器知道所有节点具有的能量，设网络中有 m 个节点并按照能量依次降低的顺序排列，把剩余能量最高的节点放在最左面，设其顺序为 n_1、n_2、…、n_m，二叉树的构造规则为从上到下，从左到右，按照能量依次降低的顺序选择每个节点，即能量最多的节点作为根节点，其他节点依此类推，不难得出所构造的二叉树为完全二叉树，设 $m=7$，则根据完全二叉树的性质可知，若有 m 个组成员，树高为 h（$h>0$），则 $h=\log_2 m+1$。因此，树高 $h=\log_2 7+1=3$，所形成的二叉树如图 3-2 所示。其中，树中每个节点和具体的组成员一一对应，这不同于逻辑密钥二叉树（LKH）。

3.2.1.2　密钥树的生成

如图 3-2 所示，二叉树中节点 n_1 具有最高的剩余能量，由它产生全局密钥 k_{00}，即全局密钥由能量最高的节点产生；节点 n_2 产生 k_{10}，节点 n_3 产生 k_{11}，即能量次高的节点产生局部密钥；而能量较少的节点如 n_4、n_5、n_6 和 n_7（叶子节

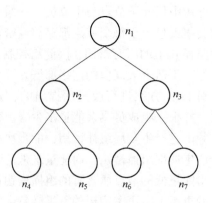

图 3-2 二叉树结构

点）无需产生组播密钥，网络中除叶子节点外的每个节点都保存各自代表的组播密钥，每个节点都保存各自的私有密钥及祖先节点的密钥（根节点除外），设 n_1、n_2、n_3、$\cdots$、n_7 的私有密钥分别为 k_1、k_2、k_3、$\cdots$、k_7，则 n_1 保存 k_1、k_{00}，n_2 保存 k_{00}、k_{10}、k_2，其他节点依此类推。所形成的密钥树如图 3-3 所示，密钥树中除叶子节点外，每个节点都直接对应一个组播密钥，最下层为每个节点的私有密钥。

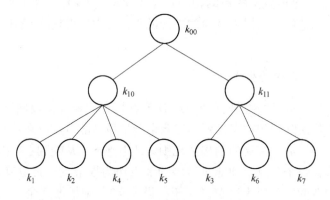

图 3-3 密钥树

3.2.2 密钥的更新

3.2.2.1 加入组成员

随着节点能量消耗及不安全因素的存在，网络中会有越来越多的失效节点，为了避免监测区域内出现更多的"盲点"，需要动态地向网络中部署新节点，以准确得到所监测区域的信息。当有新节点加入时，按照新节点的能量将其插入到树中，并由组控制器 S 更新密钥。在图 3-2 中，若新节点 n_8 要加入网络时，则按照其能量多少由组控制器将它插入到树中，假设新加入节点 n_8 的能量在 n_6 与 n_7 的能量之间，则该节点将取代 n_7 的位置，此时，要为节点 n_4、n_7 产生新的组播密钥 k'_{20}，之后需要更新其他节点的密钥。令 $S \to \{n_i\} \ \{k'\}_k$ 代表组控制器 S 用密钥 k 加密密钥 k' 并把该信息发送给节点 n_i，则所需要的密钥更新过程见表 3-2，n_8 加入后的二叉树如图 3-4 所示。

表 3-2 组成员 n_8 加入后分发的密钥

$S \to \{n_1\}$	$\{k'_{00}\}_{k_1}$
$S \to \{n_2, n_5\}$	$\{k'_{00}\}_{k_{10}}$
$S \to \{n_4\}$	$\{k'_{00}, k'_{20}\}_{k_4}$
$S \to \{n_3, n_6\}$	$\{k'_{00}, k'_{11}\}_{k_{11}}$
$S \to \{n_8\}$	$\{k'_{00}, k'_{11}\}_{k_8}$
$S \to \{n_7\}$	$\{k'_{00}, k'_{10}, k'_{20}\}_{k_7}$

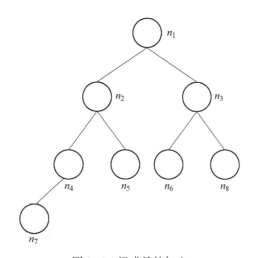

图 3-4 组成员的加入

3.2.2.2 删除组成员

为了保证组播成员间能够进行安全的数据传输，当有节点失效或被敌方捕获时，要把这些节点从网络中隔离出去，以保证剩余节点的安全，即前向私密性[29]。与此同时，组控制器要更新所有被删除成员所知道的、被其他成员使用的组播密钥，为了使被删除的组成员无法知道新生成的密钥，密钥的更新要从叶子节点往根节点向上更新。本方案中，由于组播树中的组成员按照能量降序排列，所以形成的组播树一定为完全二叉树，当节点失效或被敌方捕获时，该节点若有右孩子则一定具有左孩子，因此删除节点后需要执行的算法分为下面两种情况：

（1）该失效节点有左孩子。若该左孩子为叶子节点，则用左孩子替换该失效节点并由原来树中该左孩子的邻居节点依次填充空位，使得节点失效后树仍为完全二叉树；否则令其左孩子替换该节点并保留该左孩子与其之前孩子节点的原有关系不变（此时树可能变为 m（$m>2$）叉树）。由组控制器 S 产生新密钥广播给需要更新密钥的成员。

（2）该失效节点为叶子节点。若为编号最大的叶子节点，则直接从树中删除并保持剩余树的结构不变；否则，用该失效节点的邻居节点替代该失效节点的位置，后面其他叶子节点依次填充空位，使得组播树为完全二叉树，并由 S 产生新密钥，向与该失效节点含有相同密钥的其他组成员进行广播。

图 3-2 中，当节点 n_7 失效时，由 S 删除该节点，删除节点 n_7 后的二叉树如图 3-5 所示，之后 S 会重新生成密钥来替换 n_7 失效前所含有的那些密钥，并广播给其他含有这些密钥的节点来实现密钥的更新，所需要的更新过程见表 3-3。

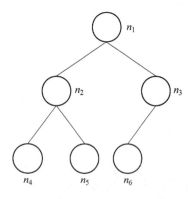

图 3-5　组成员的删除

表 3-3　组成员 n_7 失效后需要分发的密钥

$S\rightarrow \{n_2, n_4, n_5\}$	$\{k'_{00}\}_{k_{10}}$
$S\rightarrow \{n_3\}$	$\{k'_{00}, k'_{11}\}_{k_3}$
$S\rightarrow \{n_6\}$	$\{k'_{00}, k'_{11}\}_{k_6}$
$S\rightarrow \{n_1\}$	$\{k'_{00}\}_{k_1}$

3.2.3　性能分析

本节所提出的密钥树，树中全部组成员可以利用树根对应的密钥实现全局组播通信，局部的组成员可以利用子树中根节点对应的密钥来实现局部组播通信，而剩余能量低的节点不产生全局或局部的组播密钥，只保存各自的私有密钥，从而减少平均密钥更新量，降低网络的通信开销。本方案从节点的密钥存储量、节点失效后的平均密钥更新量及树中所能表示节点的数目与 LKH 方案进行了对比分析。

3.2.3.1 密钥存储量

本方案所定义的密钥树，树中除根节点外（根节点存储两个密钥），每个节点存储各自的私有密钥及祖先节点的组播密钥，第 i（$i>1$）层上所有节点的密钥存储量为 $i \times 2^{i-1}$，从而得到节点总密钥存储量为 $2^h \times (h-1)+2$；LKH 方案中，逻辑密钥二叉树中每个叶子节点对应组成员，每个组成员的密钥存储量为 h，当有 2^h-1 个组成员时，所有组成员的总密钥存储量为 $(2^h-1) \times h$，组控制器存储密钥树中所有的密钥，在 Matlab 环境下，对两种方案的密钥存储量进行了对比分析，得到节点密钥存储量关系，如图 3-6 所示。图 3-7 为两种方案中组控制器的密钥存储量关系。

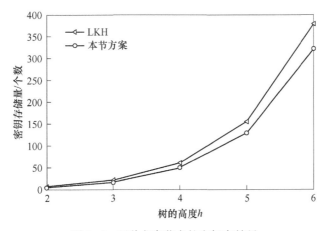

图 3-6 两种方案节点的密钥存储量

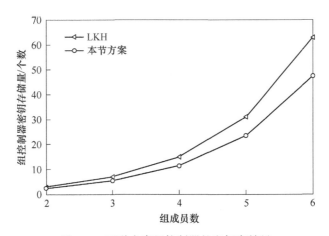

图 3-7 两种方案组控制器的密钥存储量

从图 3-6 和图 3-7 中可以看出，在密钥树高度相同的条件下，采用本节方案节点的密钥存储量更小，原因是本节方案密钥树中每个节点都是真正的组播成员，LKH 中仅叶子节点对应组播成员，因此当树高相同时，LKH 方案中所有节点的总祖先数目更多，所含有的密钥存储量更大。

3.2.3.2　节点失效后密钥更新量

本节所介绍的二叉树中所有节点与组播成员相对应，采用本节方案时，需要考虑组成员的动态加入和删除所带来的网络开销问题。当某个成员失效时，无论其剩余能量有多少，为了保证其祖先节点的安全，其祖先密钥都需要更新，网络中要更新失效成员存储的所有密钥，因此本节将所有成员含有的平均密钥个数作为密钥更新量的衡量标准。LKH 中，当有一个成员失效时，要更新除失效成员私有密钥外、密钥路径上的全部密钥，设密钥二叉树的高度为 $h(h>0)$、节点的总密钥存储量为 $T(T>0)$，不难计算当有成员失效时，所需更新的密钥量为 $h-1$ 个；本节方案中，平均密钥更新个数是所有节点存储的全部密钥平均值，当 $h=1$ 时，其值为 1，当 $h>1$ 时其值为 $T/(2^h-1)=[(h-1)\times2^h+1]/(2^h-1)$，两种方案的平均密钥更新量对比关系如图 3-8 所示。

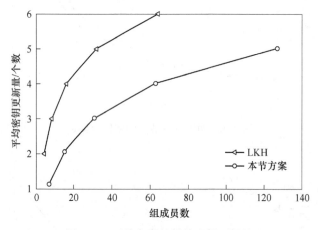

图 3-8　两种方案的平均密钥更新量

从图 3-8 中可以看出，在节点数目相同的情况下，与 LKH 方案相比，随着组成员数目的增加，本节方案需要的平均密钥更新量更少，当有大量组成员时，该趋势更加明显，这是因为本节方案中节点的密钥存储量更小，因此所含有的密钥更新量更小。

3.2.3.3　二叉树中组成员的数目

设二叉树的高度为 h（$h>0$），则可将两种方案中树可以表示的组成员数目进行对比分析。本节方案中，由于树中每个节点均与组播成员一一对应，因此在完全二叉树中可以表示的节点数目为 2^h-1；而在 LKH 方案中，仅叶子节点是组播成员，树中其他节点均为逻辑节点，所以采用该方案树中可以表示的物理节点数目为 2^{h-1}。图 3-9 对两种方案所表示的节点数目进行了对比，从图中可以看出，在树高相同的情况下，随着树高的增加，本节方案所能表示节点数目多的趋势更显著，这是因为本节所介绍的二叉树中总节点数目即为组成员的个数；而 LKH 中，仅叶子节点代表组成员；该结果也表明当网络规模扩大时，与 LKH 相比，本节方案中树的规模不会变得很大，因此本节方案更适合大规模的组播通信。

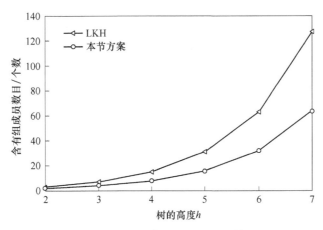

图 3-9　两种方案表示的组成员数目

3.2.4　小结

本节针对现有的 LKH 密钥管理方案的不足进行改进，提出了一种新的组播密钥分配方案，并实现了网络的动态更新。方案中，根据节点的剩余能量来组建二叉树并生成对应的密钥树，树的构造规则为从上到下，从左到右，令剩余能量高的节点具有更低的层次，使得剩余能量不同的节点所起的作用也不同，并产生了重要程度不同的组播通信密钥。在 Matlab 仿真环境下，用 M 语言进行编程实验，对本节方案的性能进行了分析并与 LKH 方案进行了对比，结果表明采用本节方案可以减少组成员及组控制器的密钥存储量，删除节点后减少了平均密钥更新量，延长了网络的生存周期。

3.3　层次树密钥管理方案

无线传感器网络具有有限的计算能力、通信范围及存储量，这些限制使得无线传感器网络与传统 Internet 有所不同，由于这些特性，传统网络广泛应用的 P2P 模式由于安全代价太高而不适用于无线传感器网络。因此，设计一种高效的基于分簇无线传感器网络密钥管理方案是当前研究的重点内容[30]。

3.3.1　相关工作

祝烈煌等人提出了一种基于状态密钥树的密钥分发协议[31]，该方案网络中的每个传感器节点对应 3 个值：密钥、种子和状态，种子用于节点进行密钥更新时推算新的密钥值，状态代表该节点的密钥更新次数，从根节点自上而下开始建立密钥树，树中的每个叶子节点对应一个组成员，组成员保存从其对应叶子节点到根节点所有祖先节点的密钥。该方案利用父节点的种子来计算孩子节点的种子，各节点将种子和节点的状态作为参数，利用一个函数来计算该节点的密钥。该方案的优点是利用节点的状态实现了群组密钥的安全分发并实现了组成员加入和删除后密钥的更新，密钥更新量小，缺点是计算密钥的过程复杂。

Tubaishat 等人提出了一种基于层次结构的密钥管理方案[32]，该方案假定一个簇中仅有一个簇头节点且网络所形成的拓扑结构为树状结构，树中通过设定网络中的发起节点（Initiator）和领导节点（Leader）来计算网络中的通信密钥，发起节点提供其部分密钥并进行广播来开启计算簇密钥的过程，其他的每个节点同样都利用各自的部分密钥来计算组密钥，领导节点使用所有节点的部分密钥来计算最终的组密钥。

图 3-10 中，空心圆圈代表簇头节点，实心圆圈代表普通传感器节点（本章所用的图均按此定义）。叶子节点是 M_1、M_2、M_3、M_4、M_5、M_6，发起节点 M_1 会计算其部分密钥 g^{k_1} 并广播，节点 M_7 会收到从孩子节点 M_1 发送的信息（这里 g 为一个生成器，k_1 是为 M_1 随机产生的一个秘密数）。同理 M_2、$\cdots$、M_6 计算各自的部分密钥 g^{k_2}、$\cdots$、g^{k_6} 并广播，各自的父节点会收到对应孩子节点的部分密钥。这样 M_7 会收到 $g^{k_1 k_2}$，并加上其部分密钥 g^{k_7} 后进行广播，因此在 M_7 处产生的中间密钥是 $g^{k_1 k_2 k_7}$，同理在 M_8 和 M_9 处产生的中间密钥分别是 $g^{k_3 k_4 k_8}$ 和 $g^{k_5 k_6 k_9}$，则簇头节点会添加自己的部分密钥 $g^{k_{10}}$ 后计算最终组密钥 $g^{k_1 k_2 k_7 k_3 k_4 k_8 k_5 k_6 k_9 k_{10}}$，设每个节点所含有的对称密钥相同，则簇头节点用对称密钥进行加密并把组密钥广播给组内的每个节点，该组密钥称为簇内组密钥，用于加密解密簇内的传感器节点。对于簇间加密解密，用另一种组密钥（即簇间组密钥）来实现，其计算过程与簇内组密钥的计算过程相似，该组密钥由簇头节点的部分密钥构成，普通传感器节点并不知道簇间组密钥，产生最终簇间组密钥的簇头节点会广播该密钥给每个簇头节点，用于在多个簇间实现加密、解密过程。

该方案的优点是实现了簇密钥计算的方法，并且能够采用比较安全的方式把形成的密钥传送到每个传感器节点；其缺点是仅提出了计算密钥的思想，并没有提及网络的具体维护方法，若是对所有节点进行同样的保护，会增加网络的额外

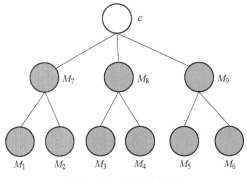

图 3-10 网络结构图

开销。

本节基于分簇无线传感器网络，针对前面介绍的两种密钥管理方案的不足进行改进，提出了一种新的层次树密钥管理方案，方案中建立了簇内层次树和簇间层次树，层次树中根据父节点的密钥从上到下生成孩子节点的密钥，与此同时实现了网络的动态更新，最后对该方案的性能进行了分析并与 LKH 方案进行了对比。

3.3.2 层次树

本节所介绍的层次树，其层数会随着网络中节点个数的变化而改变，树中每个节点与网络中实际存在的节点相对应，这与已提出的逻辑密钥树（LKH）不同。方案中，把整个网络分成多个簇，并假设每个簇中只有一个簇头节点，设一个簇内共有 9 个节点，图 3-11 为在一个簇内所形成的层次树，其中下层为普通的传感器节点，仅用于感知和传输数据，树中仅根节点为簇头节点，能力较强，除了具有普通节点的功能外，还能对收到的数据进行融合和过滤，并与其他簇的簇头进行通信以把信息传送给基站。

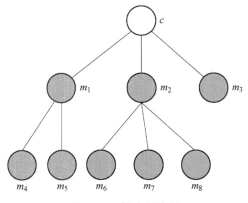

图 3-11 簇内层次树

图 3-12 为所有簇中簇头节点所形成的层次树即簇间层次树，从所有簇头中按照某种方法（如选择剩余能量最多的簇头）选择一个节点，作为 leader 节点，这里为 c_0，则在多个簇之间，就形成了以 leader 节点为根的树。树中密钥的生成过程为从上到下，由于上层簇头节点所含有的密钥更接近簇密钥，该信息尤为重要，因此就可以重点保护上层节点，对下层节点进行非重点保护，从而减少了以同样方式保护所有节点带来的网络能量耗费，密钥形成后，父节点只需进行一次广播操作就可以计算子节点的密钥。

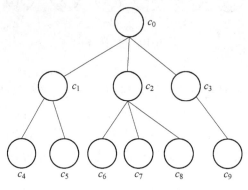

图 3-12 簇间层次树

3.3.3 密钥的形成

初始化过程中，由基站给每个节点分配不同的 ID，相同的 SK、Hash 函数，其中 ID 是每个节点所含有的不同标识符，SK 是用于节点间通信的会话密钥，初始化完成后，SK 会被删除，Hash 函数用于计算密钥，网络形成后，每个节点都广播自己的 ID，并存储它收到的所有邻节点的 ID，从中选择邻节点个数最多的节点作为簇头，并假定基站知道节点的位置信息。

下面主要介绍密钥的形成过程，由基站为簇间层次树的根节点（即 leader 节点）产生长度很大的密钥，该密钥为簇密钥（设密钥的二进制表示为 n 位），并根据它为其所有的孩子节点生成一些位数少的密钥（采用二进制表示为 m 位，且 $0<m<n$，m、n 为正整数），则可以有多种由 n 位密钥生成 m 位密钥的方法。本节以一种方法为例进行说明，若把 n 位中截取 m 位看成是组合问题，并考虑从 n 位密钥中循环截取 m 位的情况，则有 $t=n-m+1+(m-1)=n$ 种方法，公式（3-5）中，A 为一个二进制数，m 为正整数中，A 的二进制形式为 m 个 1，把 A 补充为 n 位，前面的 $n-m$ 位补 0，通过对 A 循环左移 h 位后和 n 位密钥做"与"运算（用公式（3-6）来实现对 A 循环左移 h 位，$h>0$ 为正整数），并从结果中取出与 G 中 1 对应的位来实现不同 m 位的截取。

$$A = 2^m - 1 \tag{3-5}$$

$$G=[A>> (n-h)] \mid (A<<h) \tag{3-6}$$

计算密钥过程如下：

（1）设 leader 节点的标识符为 ID，首先，由基站产生一个长度很大的密钥 K（设 K 为一个 n 位的整数），用 SK 加密 K 广播给 leader。

（2）leader 节点收到后，用 SK 解密，并计算 $h=\text{ID} \bmod t$，其中 $h \in [0, t-1]$，$G=[A>> (n-h)] \mid (A<<h)$，$K_c=K\&G$（$K_c$ 是截取 K 的 m 位、并含有 $n-m$ 个 0 的 n 位密钥），从 K_c 中取出和 G 中 1 对应的位，去除与 G 中 0 对应的位，得到 m 位密钥 K_{ce}，最后，计算 leader 节点的密钥 $K_h=\text{Hash}(K_{ce})$，用 SK 加密 K_h 并一次广播给它所有的孩子节点，删除 SK 及 K。

（3）每个孩子节点收到后，用 SK 解密，分别计算各自的密钥，$h_i=\text{ID}_i \bmod t$，$G_i=[A>>(n-h_i)] \mid (A<<h_i)$，$K_{ci}=K_h\&G_i$，从 K_{ci} 中取出与 G 中 1 对应的 m 位，得到 K_{cie}，计算 $K_i=\text{Hash}(K_{cie})$，$i>0$，节点分别保存它的部分密钥信息，加密后广播给其孩子节点，删除 SK 及父节点的密钥。

（4）循环执行上一步，直到每个叶子节点。

3.3.4 节点间的通信

方案中假设基站的能量不受限制，能够动态查询网络中的每个节点，当一个节点接收到多个信息时，从中选择信号最强的进行接收，删除其他的信息。网络部署后，从传感器节点中选择一些动态的源节点，它们不参与层次树的生成，其作用是收集自己和附近节点的信息、接收查询请求，并把收集的信息传给基站，所以当基站向网络发出查询请求时，收到查询信息的每个源节点会把它收集的信息转发给一个附近的传感器节点，这个节点会沿着层次树向上层传递信息，并保存中间经过的所有节点的 ID，当父节点收到下层传来的数据，根据孩子节点的 ID，就能够计算其密钥，从而用这个公共密钥实现父节点与其孩子节点间的通信，当信息传到基站时，由于基站存储了网络中所有节点的 ID，就可以计算每个节点的密钥值。

3.3.5 节点的插入

随着节点能量的消耗和一些不安全因素的存在，网络中会有越来越多的失效节点，为了避免监测区域内出现更多的"盲点"，需要动态向网络中部署新的节点，以更加准确地得到所监测区域信息，此时，可以通过基站一次插入若干个节点。我们以插入一个节点为例，当一个节点加入网络时，它首先需要向基站发出加入请求，基站验证后，会广播新节点的 ID 来为其找到邻节点。新节点会从多个邻节点中选择具有最多邻节点数目的节点作为新节点的父节点，并与簇头邻节点的数目比较，若比簇头多，则新节点和簇头交换位置，成为新的簇头，为了使新节点不知道它加入前网络的状态，需要更新网络中的密钥，即后向私密性。

图 3-11 中，当节点 m_9 加入时，会向基站发出请求，基站验证后，会向网络广播新节点的 ID 来找到它的邻节点，并根据它的邻节点数量来决定是否会和簇头交换位置，之后新节点或交换后的节点会从新节点的多个邻节点中选择一个作为它的父节点，这里，设此邻节点为 m_3，簇头的标识符为 ID^0，则由基站产生新密钥 K^t 并广播给簇头节点，簇头收到后进行解密，计算 $h^t = ID^0 \bmod t$，$G = [A >> (n - h^t)] \mid (A << h^t)$，$K^{ct} = K^t \& G$，取出 K^{ct} 中与 G 中 1 对应的 m 位，得到 K^{cte}，计算 $K^0 = \text{Hash}(K^{cte})$，加密 K^0 并一次广播给它所有的孩子节点 m_1、m_2 和 m_3。孩子 m_1 收到后解密，计算 $h^1 = ID^1 \bmod t$，$G^1 = [A >> (n - h^1)] \mid (A << h^1)$，$K^{c1} = K^0 \& G^1$，取出 K^{c1} 中与 G^1 中 1 对应的 m 位，得到 K^{c1e}，计算 $K^1 = \text{Hash}(K^{c1e})$，加密 K^1 后广播给它的孩子，其他节点同理计算，从而实现了网络中所有节点的密钥更新，m_9 加入后如图 3-13 所示。

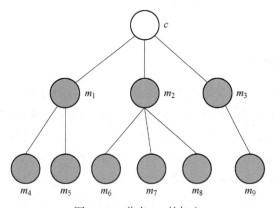

图 3-13 节点 m_9 的加入

3.3.6 节点的删除

由于基站会动态查询网络中的信息，当基站发现一个或若干个节点失效时，要保证网络的前向私密性。本章所提出的密钥管理方案，若干个低层节点被破坏并不会影响剩余的网络，因为它们所存储的密钥只是根节点密钥的一部分。因此，当进行节点删除时，为了减小频繁更新密钥所带来的开销，可以给网络预先设定一个正整数 r，它代表网络的抗捕获能力，表示在不超过 r 个节点被捕获的情况下，就能保证剩余网络中节点间通信是安全的。由基站记录 r 的值，当有 r 个节点失效时，我们就执行一次删除节点的方法，对网络中剩余密钥进行一次更新，之后将 r 重新设置为零。

（1）普通节点的删除。网络中当有节点失效时，为了保证剩余网络的安全，需要把失效节点隔离到网络之外。在图 3-11 中，考虑删除一个普通传感器节点的情况，当节点 m_8 失效时，基站会发现并产生一个新的密钥广播给整个网络，则在层次树中会从上到下进行密钥的计算，其规则是每个孩子节点根据父节点的密钥及自身的标识符，重新计算网络中剩余子节点的密钥，密钥的产生过程与节点插入时的方法相同，删除节点 m_8 后层次树的形态如图 3-14 所示。

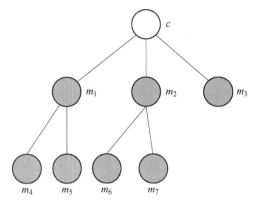

图 3-14　普通节点 m_8 的删除

（2）簇头节点的删除。同样，以删除一个簇头节点为例。当基站发现有簇头节点失效时，则要判断失效簇头的孩子节点，选出具有邻节点个数最多的孩子节点来代替失效的簇头，并保持新簇头与其之前的孩子节点关系不变。图 3-13 中，当簇头 c 被删除时，设 m_3 具有最多的邻节点，则由它替换簇头，由基站产生新密钥来更新网络，密钥的生成过程与节点插入时的密钥更新方法相似，删除簇头后如图 3-15 所示。

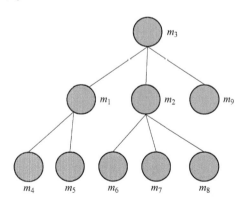

图 3-15　簇头节点的删除

前面介绍的是在一个簇内添加或删除节点的情况，该过程需要根据簇内层次树来实现节点加入或删除后密钥的更新问题，簇间的情况与之类似，不同点是该过程要通过簇间层次树来完成。

3.3.7 性能分析

根据所提出方案的特点，下面将从网络安全性、存储量、网络开销等方面来分析所介绍方案的性能。

（1）安全性。在 Tubaishat 等人提出的密钥管理方案中，密钥树中从下到上生成密钥，即所有节点的私有密钥逐层向上传递共同形成了根节点的密钥，称为簇密钥，之后把生成的簇密钥广播给网络中的每个节点，因此在簇密钥产生前，树中下层节点的破坏会直接影响最后簇密钥的形成；在簇密钥产生后，下层节点的破坏会导致簇密钥的泄露，影响剩余网络的安全。与该方案相比，本节方案中由于下层节点的私有密钥只是上层节点密钥的一部分，所以不超过 r 个下层节点失效的情况下，不会影响到剩余网络，而树中上层节点所存储密钥占簇密钥成分更多，它们会作为重点的保护对象，保证了整个网络具有一定的安全性；当超过 r 个下层节点失效时，基站就会执行一次删除节点的操作，把失效节点隔离在网络之外，保证了剩余网络的安全。

（2）存储量。与已存在方案 LKH 相比，本节所提出的层次树密钥管理方案，解决了网络所需存储空间大的问题，每个节点只存储自身的私有密钥及孩子节点的标识符 ID，基站无需存储节点的私有密钥，而是在需要时动态的生成，设本节方案及 LKH 方案中所形成的二叉树为满二叉树，h 为树的高度（$h>0$），则根据满二叉树的性质，可知采用本节方案节点的总存储量为 $2^{h+1}-2$，与 LKH 相比，可以节省大量的存储空间，当组成员数目相同时，两种方案组成员的总密钥存储量关系如图 3-16 所示。

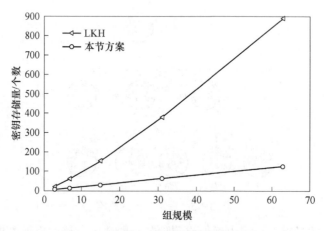

图 3-16　两种方案的密钥存储量对比图

（3）网络开销。所介绍的密钥生成方案中，对树中所有节点进行同样的保护，增加了网络负担；与这些方案相比，本节方案中由于簇头节点所存储的信息是至关重要的，所以上层节点作为重点保护对象，下层的普通节点则可以非重点保护，这就降低了重点维护网络中所有节点带来的开销，在密钥产生过程中，只需父节点进行一次广播，减少了传递密钥的通信量。与 Eltoweissy 等人[26] 所提出的方案相比，本节解决了当簇头节点失效后，剩余节点的分配问题，网络的容错性好，当节点被捕获后，由基站根据被破坏节点的数目 r 决定何时进行密钥的更新，减少了由频繁密钥更新带来的通信开销，节省了节点的能量。

（4）扩展性。无线传感器网络中密钥管理方案的理想状态应该是与网络规模的大小无关。在层次树方案中，由于节点插入时，无需存储密钥，只要向网络中广播新加入节点的 ID，之后新节点将会从邻节点中找到含有邻节点数目最多的一个节点，并将该节点作为新节点的父节点，之后按照簇头选择机制来竞选簇头，最后，根据父节点的密钥、新节点的 ID，可以计算出新节点的密钥值，因此采用本章方案节点计算密钥过程更加简单。层次树中的每个节点都与物理上真实的传感器节点相对应，这与 LKH 方案有所不同，LKH 方案中，除叶子节点外，树中其他节点均为逻辑节点，因此当树高相同时，本节方案所能表示的节点数更多，且本节方案中节点所需要的总存储量为 $2^{h+1}-2$，可以根据需要设定树高 h，该方案扩展性好，适用于大规模的无线传感器网络。

3.3.8 小结

本节针对分簇无线传感器网络，提出了一种层次树密钥管理方案，并在层次树中从上到下生成每个节点的密钥，与此同时该方案实现了网络的动态更新。在网络中每个簇内，均形成一棵以簇头为根的簇内层次树；从簇头中选择一个节点作为 leader，则在所有簇中形成了以 leader 节点为根的一棵簇间层次树。由基站产生一个长度很大的密钥并广播给整个网络，节点收到后按照所介绍方法计算各自的密钥并进行广播，从而在层次树中从上至下生成了每个节点的密钥。最后，分析了该方案的安全性、扩展性等问题，分析结果表明，该方案安全性好、适用于大规模的无线传感器网络；采用该方案，可以减少节点的能量耗费，降低网络的开销，延长网络的生存周期。

3.4 本章结论

无线传感器网络是一种能量受限的网络，降低能量消耗、延长网络的生存周期是无线传感器网络设计的主要目标之一，网络生存周期的长短也是评价设计方案性能的重要指标。本章介绍了无线传感器网络的基本概念，分析了无线传感器网络拓扑结构和特点，并与无线自组网进行了对比，讨论了无线传感器网络所面临的挑战，然后着重对无线传感器网络的密钥管理方案进行了分析和研究。

首先论述了现有的几类密钥管理方案——分布式密钥管理方案，基于分组、分簇 WSN 的密钥管理方案，组播密钥管理方案。随后着重研究了组播密钥分发方案和分簇 WSN 密钥管理方案，对已有的 LKH 方案及分簇式密钥管理方案[33]，进行了详细的分析和评价，指出它们各自的优点和不足。最后，在对已有方案研究分析的基础上提出了两种改进方案，第一种方案根据节点的剩余能量来构造树结构及密钥树，令剩余能量高的节点位于树的更高层次，反之处于更低的层次，且节点生成的组播密钥的重要性与节点剩余能量的高低成正比，从而实现了低代价的组播通信；第二种方案利用了分簇无线传感器网络的特性，在簇内和簇间分别生成簇内层次树和簇间层次树，树中从上到下生成每个节点的密钥，基站无须预先存储节点的密钥，采用该方案可以获得良好的安全性能。分析和仿真结果表明，两种方案降低了网络开销。

　本章第 3.2 节提出的组播密钥管理方案改进了现有 LKH 分配方案的不足，但也存在着问题：加入和删除成员的操作较为复杂，且由于树中均为真实的传感器节点，因此，当插入或删除节点后，树的结构会发生变化；当节点发生移动却要保持原有树结构时，会增加网络开销。本章第 3.3 节提出的层次树密钥管理方案虽然在很大程度上提高了无线传感器网络的安全性能，克服了原有方案存在的不足，但也存在一些缺点：密钥的截取需要良好的加密算法，而本书所需要的加密算法要求很高，初始化中所产生的密钥位数要求很多。此外，本章采用 Matlab 作为仿真环境，忽略了网络中丢失包、网络延迟及碰撞等真实的网络环境，以上都是需要进行下一步研究的工作。

参考文献

[1] Eltoweissy M, Tech V, Moharrum M, et al. Dynamic Key Management in Sensor Networks [C] // IEEE Communications Magazine, 2006, 44 (4)：123~126.

[2] 黄鑫阳，杨明. 无线传感器网络密钥管理研究综述 [J]. 计算机应用研究，2007, 24 (3)：10~11.

[3] Eschenauer L, Gligor Virgil D. A Key-management Scheme for Distributed Sensor Networks [C] // Proceedings of the 9th ACM Conference on Computer and Communications Security, Washington DC, 2002：42~46.

[4] Shi Y, Eberhart R C. A Modified Particle Swarm Optimizer [C] // 2008 IEEE/ASME International Conference on Advanced Intelligent Mechatronics, AIM , Xi'an, 2008：1238~1241.

[5] Bocheng L, Sungha K , IngrD V. Scalable Session Key Consruction Protocol for Wireless Sensor Networks [C] //IEEE Workshop on Large Scale real-time and Embedded Systems (LARTES), Austin, 2002：1~5.

[6] 周贤伟，孙晓辉，覃伯平. 无线传感器网络密钥管理方案的研究 [J]. 计算机应用研究，2007, 10 (5)：144~147.

[7] Chan H W, Perrig A, Song D. Random Key Predistribution Schemes for Sensor Networks

[C] //Proceedings 2003 Symposium on Security and Privacy, Berkeley, CA, 2003: 197~212.

[8] 蔡晓，杨庚，王江涛. 一种基于位置信息的 WSN 随机密钥预分配方法 [J]. 南京邮电大学学报（自然科学版），2007, 27（1）：21~24.

[9] 刘志宏，马建峰，黄启萍. 基于区域的无线传感器网络密钥管理 [J]. 计算机学报，2006, 29（9）：1609~1615.

[10] Wong C K, Gouda M S, Lam S. Secure Group Communications Using Key Graphs [C] // IEEE/ACM Transactions on Networking, 2000, 8（1）：17~22.

[11] Chu H H, Qiao L, Nahrstedt K. A secure multicast protocol with copyright protection [J]. Proceedings of the SPIE – The International Society for Optical Engineering, 2002, 3657（21）：461~468.

[12] 徐明伟，董晓虎，徐恪. 组播密钥管理的研究进展 [J]. 软件学报，2004, 15（1）：142~143, 145.

[13] 宴轲，谢冬青. 基于逻辑密钥树的密钥管理方案及实现 [J]. 计算机工程与应用，2006, 2（31）：145~148.

[14] 宣文霞，窦万峰. 基于 LKH 的组播密钥分发改进方案 R-LKH [J]. 微电子学与计算机，2006, 10（23）：213~215.

[15] Wallner D, Harder E, Agee R . Key management for multicast: Issues and architectures [C] // RFC 2627, 1999: 3~12.

[16] Son J H, Lee J S, Seo S W. Energy Efficient Group Key Management Scheme for Wireless Sensor Networks（Invited Paper）[C] // 2007 2nd International Conference on Communication System Software and Middleware and Workshops, Comsware, Bangalore, 2007: 2~7.

[17] Kifayat K, Merabti M, Qi Shi, et al. Dynamic Group-Based Key Establishment for Large-scale Wireless Sensor Networks. 1st International Conference on Communications and Networking in China [J]. ChinaCom '06, Beijing, 2006: 1~5.

[18] Poornima A S, Amberker B B. A secure group key management scheme for sensor networks [J]. International Conference on Information Technology: New Generations, Itng 2008, Las Vegas, NV, 2008: 744~748.

[19] Banerjee S, Bhattacharjee B. Scalable secure group communication over IP multicast. Proceedings Ninth International Conference on Network Protocols [C] // ICNP, Riverside, CA, 2001: 261~269.

[20] Zhen Yu, Yong Guan. A Robust Group-based Key Management Scheme for Wireless Sensor Networks [C] //2005 IEEE Wireless Communications and Networking Conference, New Orleans, LA, 2005: 1915~1920.

[21] 单晓岚，张华忠，于鹏程. 基于分簇的无线传感器网络密钥管理的研究 [J]. 计算机工程与设计，2007, 28（20）：4897~4900.

[22] Perrig A, Szewczyk R, Tygar J D, et al. SPINS: Security protocols for sensor networks [J]. Kluwer Academic Publishers, 2002, 8（5）：522~532.

[23] Abraham J, Ramanatha K S. A Complete Set of Protocols for Distributed Key Management in

Clustered Wireless Sensor Networks [J]. International Conference on Multimedia and Ubiquitous Engineering, Seoul, 2007: 914~919.

[24] Carman D, Kruus P, Matt B. Constraints and Approaches for Distributed Sensor Network Security [C] // NA ILabs, 2000: 1~4.

[25] Eltoweissy M, Heydari H, Morales L. Combinatorial Optimization for Key Management in Secure Multicast Environments [J]. Journal of Network and System Management, 2004, 25 (14): 113~117.

[26] Eltoweissy M, Younis M, Ghumman K. Lightweight Key Management for Wireless Sensor Networks [C] //Conference Proceedings of the 2004 IEEE International Performance, Computing and Communications Conference, Phoenix, AZ, 2004: 814~817.

[27] 王万成, 骆华杰, 刘旭国. 组播密钥管理的研究 [J]. 网络安全技术与应用, 2007 (9): 92~93.

[28] Huang Xinyang, Yang Ming. Secure Key Management Protocol for Wireless Sensor Network Based on Dynamic Cluster [C] // IEEE GLOBECOM 2006 - 2006 Global Telecommunications Conference, San Francisco, CA, 2007: 1~6.

[29] Snoeyink J, Subhash S, George V. A lower bound for multicast key distribution [J]. Computer Networks, 2005, 47 (3): 429~441.

[30] Shen Lin, Feng Haidong, Qiu Yongsheng, et al. A New Kind of Cluster-based Key Management Protocol in Wireless Sensor Networks [C] // 2008 IEEE International Conference on Networking, Sensing and Control (ICNSC), Sanya, 2008: 133~134.

[31] 祝烈煌, 曹元大, 廖乐健. 基于状态密钥树的安全群组密钥分发协议 [J]. 北京理工大学学报, 2006, 26 (9): 806~808.

[32] Tubaishat M, Jian Yin, Panja B, et al. A Secure Hierarchical Model for Sensor Network [J]. Sigmod Record, 2004, 33 (1): 7~13.

[33] 刘志宇, 马宝英, 姚念民, 等. 基于组播通信代价的分簇密钥管理方案 [J]. 计算机应用与软件, 2015 (9): 269~273.

4 无线传感器网络相关技术研究

4.1 基于组播通信代价的分簇密钥管理方案研究

作为组播安全的核心内容，组播密钥管理在组播通信过程中发挥着不可忽视的作用，为了保证参与组播通信的各成员间进行安全的数据传输，在通信过程中要实现加密以使得数据被授权访问。近年来针对组播安全问题主要提出了三类密钥管理方案：基于预分配、基于密钥分配中心以及基于分组和分簇方式，这三种方式在节点的存储开销、通信开销、计算开销以及网络动态更新等方面各有优缺点[1,2]。目前，多种方式综合的密钥管理模式成为组播密钥研究的热点问题。

4.1.1 相关工作

LKH[3] 是典型的组播密钥管理方案，方案中由组控制器维护一棵逻辑密钥树，树中仅叶子节点与组成员一一对应，其余节点均为逻辑节点，用于实现加入或删除节点后新密钥分发过程的加解密。使用 LKH 方案能有效地减少组成员动态变动时密钥更新的通信次数，但 LKH 方案是以组控制器的绝对安全为前提，实际应用中这会导致组控制器维护代价大，此外，由于组控制器存储树中所有密钥，每个组成员存储其密钥路径上的全部密钥，算法的存储量也会大大提高。近年来提出许多对 LKH 密钥管理的改进方案[4~7]，文献 [4，5] 分别从节点剩余能量与失效概率的角度对 LKH 进行改进，提出了对应的密钥管理方案并叙述了节点的动态更新过程，算法具有一定的应用价值，但节点的失效概率通常难于计算。Dharavath 等人[6] 提出以簇为单位构造密钥树结构，在每个簇中形成以本簇簇密钥为根节点的子树，子树上的中间节点为虚拟密钥，与 LKH 中的逻辑节点类似，叶子节点对应实际的组播成员，这样两个以簇密钥为根的子密钥树就形成了以公共簇密钥为根的一棵树结构，以此类推，直至生成整棵树，与 LKH 相比，采用该方案网络中节点的存储量大大降低。为了从根本上解决 LKH 方案中逻辑节点多的问题，文献 [7] 提出了 TKH 方案，所建立的密钥树考虑了路由树的分支、共享同一父节点的孩子节点以及节点的私有密钥，采用该方案节点的密钥存储量少，密钥更新代价低，此外该方案简化了节点加入与删除时密钥的更新过程。

所述 LKH 及对其改进的方案在组建树结构时，并未综合考虑组成员间的距离、能量，实际应用中，这将直接影响密钥分配方案的性能及网络的寿命。由此，本节基于节点间的通信代价，按照 Kruskal 算法[8] 建立路由树并生成对应的逻辑密钥树结构。

4.1.2　路由树的组建

假设网络中的节点具有自组织功能，能够自组织生成网络。为了降低节点向基站（BS）传递数据的通信代价，所提出方案在路由树的组建过程中应用了Kruskal 算法，在基站与簇头节点间生成簇间密钥树，采用多跳路由方式进行数据传递；普通节点则直接与其所在簇的簇头节点连接，只将收集到的数据传递到本簇内簇头节点。假设网络中含有 $n-1$ 个簇头节点与 1 个基站节点，且网络运行期间在路由树重组过程中仅能量未耗尽的节点参与，则构造簇间路由树的步骤如下：

（1）设置一个循环变量 V（$V=n-1$，表示算法中执行语句的次数），计算所有簇头间的距离、基站到所有簇头的距离，将 $\dfrac{d_{i\to j}^2}{E_i + E_j}$ 定义为节点间通信代价并进行排序，其中 E_i 表示节点 i 的剩余能量，$d_{i\to j}$ 表示节点 i 到节点 j 的距离，由于基站的初始能量较大，因此其附近的簇头节点会有更大概率优先参与树的构造；

（2）把网络中的所有簇头、基站分别作为一个簇，则网络中共有 n 个初始簇；

（3）利用 Kruskal 算法将其中两个簇合并为一个，即 n 个初始簇合并为 $n-1$ 个簇，此时便建立了节点间的连接关系；

（4）重复步骤（3），直到网络中有一个大规模的簇为止。

簇间路由树的通信代价定义过程中，考虑了节点的能量及通信距离，由于节点能量会动态发生变化，因此本节方案通过定期重组路由树来保证路由树是优化的，具体方法为：在本节定义的密钥管理方案实施前，会按照典型的 LEACH[9] 算法将网络运行时间划分成若干个时间轮，节点工作一定时间（如 1 轮，时间越短，路由树越优，实际中可根据需要设定）后，网络中会重新生成簇头，普通节点按条件自组织加入新的簇头形成簇，簇头节点则会按照新的剩余能量及节点间距离计算通信代价，重新在所有簇头间生成新的簇间路由树以及逻辑密钥树，进而保证了节点在规定的每个时间轮范围内，所生成的路由树是最优的。但由于网络结构变化涉及网络中全部密钥的更新，代价大，因此应在节点剩余能量与最初能量差值较大时再更新。

假设网络中有 450 个节点，节点被随机部署在 300m×300m 区域内，且网络分簇后，在每个簇中仅含有一个簇头节点，网络中形成的树状拓扑结构如图 4-1

所示。图 4-1 中，普通节点如黑色实心圆点表示普通节点与本簇内簇头构成星型拓扑结构，网络中所有簇头以基站为根生成一棵簇间路由树（如图中黑色粗线连接）。假设网络中含有 10 个簇头，图 4-2 是生成的簇间路由树，基站作为整棵树的树根。

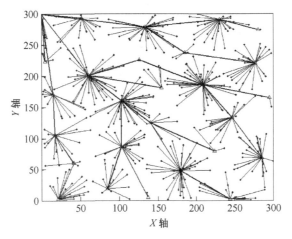

图 4-1　网络树状拓扑结构

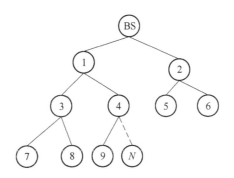

图 4-2　以基站为根的路由树

4.1.3　基于最小代价的逻辑密钥树

根据所构造的路由树，簇头节点间所映射的密钥树深度为 3。定义变量 flag(i) 用以标志节点 i 是否已经参与密钥树的构造，初值为 0，表示节点 i 未参与过密钥树的组建，则对于路由树中当前节点 i，映射密钥树的过程如下：

（1）若节点 i 是路由树的树根（即基站），则由基站产生全局组播密钥 CK，并令 flag(i) = 1，CK 作为密钥树的根节点，用于对整棵密钥树进行管理；

（2）若节点 i 无兄弟节点且 flag(i) = 0，则将 PK$_i$ 作为 CK 的孩子节点，并令 flag(i) = 1；

（3）若节点 i 有兄弟节点 j 且 $\mathrm{flag}(i)=0$，产生兄弟密钥 B_i，将 B_i 作为 CK 的孩子节点，之后将 PK_i 与 PK_j 作为 B_i 的孩子节点，并令 $\mathrm{flag}(i)=\mathrm{flag}(j)=1$。

在每个簇内，普通节点的私钥与簇头的私钥相连接，普通节点存储私钥、簇密钥（簇头的私钥）、组播密钥。为了保证网络的安全性，在簇内普通节点间通信时，可使用本簇的簇密钥实现通信密钥的交换，之后便删除通信密钥。所提出方案的树结构可为任一 $(k>1)$ 叉树形式，为了简化问题起见，下面所述方案以二叉路由树为例进行说明，并考虑完全二叉树，以便于与 LKH 的改进方案进行对比，则根据图 4-2 所示的簇间路由树（假设节点 N 未加入），由基站生成组播密钥 CK，第二层逻辑密钥中，B_i 表示第 i 个逻辑密钥，B_1 用以连接存在共同父节点的节点 1、节点 2，B_2 用以连接存在共同父节点的节点 3、节点 4，B_3、B_4 依此类推，树中第三层为簇头节点 1~8 的私钥，与组播成员一一对应。由于路由树中的节点 9 不存在其他簇头节点与其共有直接父节点，所以该节点的私钥直接连接在簇密钥 CK 之下，所生成的簇间逻辑密钥树如图 4-3 所示，树中簇头节点存储其密钥路径上的所有密钥，如簇头 1 存储 PK_1、B_1、CK。

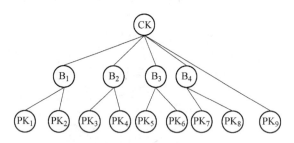

图 4-3 生成的逻辑密钥树

节点 N 加入后的逻辑密钥树如图 4-4 所示。

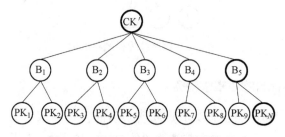

图 4-4 节点 N 加入后的逻辑密钥树

4.1.4 组播成员的动态更新

为了保证网络中节点的工作效率，需要定期的向网络中补充新节点，并删除能量耗尽而失效的节点，这就涉及节点的动态更新。假定路由树、密钥树均采用孩子-双亲表示法，且两棵树中链节点的结构相同，节点结构定义如下：

```
typedef struct Node1
    {Elemtype data;
     struct Node1 * next; };
typedef struct Node2
         {int ID_i;
     int parent;
       Node1 * child;
        int childnum; };
typedef struct Node3
         {Elemtype data;
          int ID_i;
       int parent;
        Node1 * child; };
```

其中 Node1 表示两棵树中孩子表示法的链表节点结构，Node2、Node3 分别表示路由树、密钥树中双亲表示法的节点结构。

4.1.4.1　节点的加入

当有新节点 i（$E_i > 0$）加入时，首先由基站对新节点的身份进行验证，之后节点 i 在通信阈值 d_0 内广播消息，簇头节点 j 收到后会回应，消息中含 $T_j = \dfrac{d_{i \to j}^2 + d_{j \to BS}^2}{E_i + E_j}$，之后新节点会选择通信距离小、能量大的簇头节点加入，若 i 是普通节点，会成为簇头 j 所在簇中的簇内路由树成员，此时由基站产生新的组播密钥 CK′、簇密钥 PK_j′发送给节点 i，并将其他节点原来存储的 CK、PK_j 密钥更新为 CK′、PK_j′；若节点 i 是簇头节点，需要加入簇间路由树中，作为簇头 j 的孩子节点，为了保证后向加密，对应密钥树也需要进行更新。图 4-2 中，当新节点 N 加入组播组中，要考虑该节点加入的簇 j 原来的孩子数目，进而改变密钥树、更新密钥，则按照前文定义的节点结构，簇头节点加入时树更新算法如下：

① 节点 N 广播加入请求信息；

② t =（Tree Node * ）malloc（ size of Tree Node）；

③ If（!t）exit（OVERFLOW）；

④ BS 为新加入节点 N 产生其私有密钥 PK_N；

⑤ min = 9999；

⑥ for（i = 1；i++；d_{i→j} <= d_0）

⑦ if（T_i <= min）

⑧ parent = ID_i；

⑨ for（i = 1；i++；i <= n）

⑩ if（Node2[i]. parent == parent）

⑪ {N->next=Node2[0]->child;

⑫ Node2[0]->child=N;}

⑬ if(parent ==ID$_{BS||}$ Node2[parent].childnum ==0)

⑭ {PK$_N$->next=Node3[0]->child;

⑮ Node3[0]->child=PK$_N$;}

⑯ else if(Node2[parent].childnum ==1)

⑰ {生成新 B$_k$;

⑱ B$_k$->next=Node3[0]->child;

⑲ Node3[0]->child=B$_k$;

⑳ PK$_N$->next=Node3[ID$_{BK}$]->child;

㉑ Node3[ID$_{BK}$]->child =PK$_N$;

㉒ PK$_{(node2[parent].child)}$ ->next=Node3[ID$_{BK}$]->child;

㉓ Node3[ID$_{BK}$]->child =PK$_{(node2[parent].child)}$;

㉔ Delete(PK$_{(node2[parent].child)}$);}

㉕ else

㉖ {PK$_N$->next=Node3[PK$_{(node2[parent].child)}$ · parent]->child;

㉗ Node3[PK$_{(node2[parent].child)}$ · parent]->child=PK$_N$;}

算法中，第 1~4 行表示当节点 N 加入时，通过验证后基站将为其产生私钥 PK$_N$ 以及树节点以便插入；第 5~12 行用于寻找通信范围内满足条件的簇头节点（作为 N 的父节点，其标识符存储在 parent 中）并将节点 N 插入；第 13~27 行对路由树在节点 N 插入前节点 parent 具有的孩子数目进行判断，进而决定如何进行节点加入后密钥树的更新。图 4-2 中，当节点 N 加入时，假设插入的位置为节点 4 的孩子节点，则基站会生成新组播密钥 CK′、B$_5$，生成的逻辑密钥树如图 4-4 所示，令 BS→ {N}：{K′}$_K$ 表示基站用密钥 K 加密密钥 K′并发送给节点 N，簇头节点的密钥更新过程见表 4-1，之后各簇头会用本簇内普通节点的私钥加密 CK′并分发给簇内各节点。

表 4-1 节点 N 加入时的密钥更新

BS→ {1, 2, 3, 4, 5, 6, 7, 8}：{CK′}$_{CK}$
BS→ {9}：{CK′, B$_5$}$_{PK_9}$
BS→ {N}：{CK′, B$_5$}$_{PK_N}$

4.1.4.2 节点的删除

当删除某个节点时，为了防止由该节点离开而外泄其存储的信息，需要更新密钥树中的对应密钥，以保证剩余组播成员的安全。基站首先会考虑该节点 N 是普通节点或簇头节点，若为普通节点，直接由基站将节点 N 删除并生成新的簇密钥 CK′、节点 N 所在簇的簇密钥 PK′$_j$，将网络中节点原来存储的 CK、PK$_j$ 密钥均更新为 CK′、PK′$_j$。对于簇头节点 N 的删除，执行算法与节点加入时相似，找到被删除节点的父节点并判断其具有的孩子个数，并据此变换路由树、密钥树结构，假定被删除节点的标识符是 ID$_i$，则簇头节点的删除算法如下：

① for(i=1;i++;i<=n)

② { N=Node2[i];

③ if(N==ID$_i$)

④ break;}

⑤ if(N.parent.childnum==1 || N.parent.childnum>2)

⑥ Delete(PK$_N$);

⑦ else if(N.parent.childnum==2)

⑧ if(Node1[PK$_N$.parent]—>next!=PK$_N$)

⑨ Node3[0]->child=Node3[Node1[PK$_N$.parent]—>next];

⑩ Delete(Node3[PK$_N$.parent]);}

⑪ Delete(N);

算法中第 1~4 行用于找到被删除节点 N，第 5~10 行对路由树中节点 N 父节点的孩子数目进行判断，并进行密钥树的更新，第 11 行用于删除节点 N。图 4-2 中，当删除节点 N 后，生成的逻辑密钥树如图 4-3 所示。基站会删除 B$_5$，生成新密钥 CK′并将该密钥转发给网络中的每个节点以完成密钥的更新。

4.1.5 性能分析

为了更好地完成组播通信，组播密钥方案设计时要从扩展性、健壮性和开销等几个方面进行考虑[10]。为了验证本节方案密钥管理的有效性，从存储量、密钥更新量、通信代价等几个方面与 TKH、文献 [6] 中方案（记为 I-LKH）进行了对比。实验采用 Matlab 软件进行，实验中假设节点随机部署在 300m×300m 区域内，基站位于部署区域的左上方 [坐标是 (0, 300)]，每个节点初始能量为 2J，节点通信过程中每个控制包的大小为 50bit。

4.1.5.1 存储量

实验中假设网络中簇头节点占节点总数的 5%[11]，考虑簇头、普通节点存储的总密钥量情况，则随着网络中节点数目的增加，对三种方案节点的密钥存储量进行了对比，如图 4-5 所示，从图中可以看出，采用本节方案，节点存储的密钥量更小，这是因为本节方案中普通节点仅需存储私钥、簇密钥、组播密钥，簇头节点仅需存储私钥、兄弟密钥、组播密钥或其中部分密钥；而采用 TKH 方案节点需要存储额外的分支密钥；I-LKH 方案中虽然普通节点存储密钥量小，但簇头节点需要存储 $t+2p$ 个密钥（其中 t 为簇中节点的个数，p 为密钥树中逻辑节点数目），因此，随着网络节点数目的增多，节点存储量会大幅度增加。

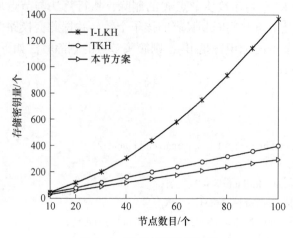

图 4-5   节点存储量的对比

4.1.5.2   节点删除时密钥更新量

当节点失效时，为了保证网络的安全，要动态删除失效节点存储的全部密钥并在网络中更新，因此，将节点删除时的密钥更新量定义为节点的平均密钥存储量。与 I-LKH、TKH 相比，采用本节方案节点密钥更新量更小，这是因为本节方案中每个节点最多存储 3 个密钥，节点存储量小（如图 4-5 所示），且随着节点数目的增多，存储量近似呈线性增长，尤其当节点数目大幅度增加时，采用本节方案优势更加明显。

4.1.5.3   通信代价

图 4-6 中，将采用三种方案死亡节点趋势进行了对比，从中不难看出，随着网络运行时间的增加，采用 I-LKH 方案死亡节点会剧增，这是因为当网络中有死亡节点时，基站要删除这类节点并向网络中其他节点更新死亡节点存储的密钥，这个过程中节点由于要进行包转发会消耗更多的能量，结果会导致更多节点的死亡；从中也可以看出，当算法运行轮数逐渐增多时，与 TKH 方案相比，本节方案死亡节点数目增加得更平稳。图 4-7 将密钥更新过程的通信代价进行了对比，实验中网络运行时间为 10 轮，由于采用 I-LKH 方案会有更多的节点死亡，因此，为了降低该方案与其他两种方案的对比度，实验中将 TKH 及本节方案的节点总数设为 1000 个（传输相同数据情况下，通信代价会与节点数目成正比），I-LKH 方案中节点数目设为 400 个，从图 4-7 中不难看出，采用 I-LKH 方案分发密钥量大，通信代价高，而采用本节方案通信代价会随着节点死亡数目而缓慢增加，代价要明显小于 I-LKH 与 TKH 方案。

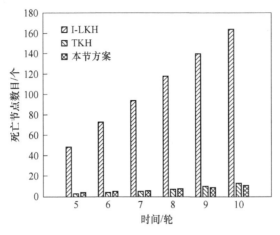

图 4-6 死亡节点数目的对比

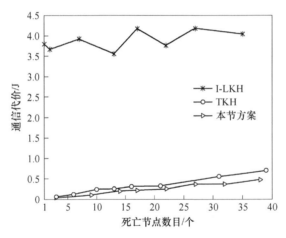

图 4-7 节点死亡时通信代价

4.1.5.4 扩展性

实际组播通信应用中节点数目众多。由于 I-LKH 方案随着节点数目的增多，通信代价增加幅度远大于其他两种方案，因此实验中仅将 TKH、本节方案在大量节点加入时的通信代价进行了对比，如图 4-8 所示。从图 4-8 中可以看出，与TKH 方案相比，节点加入时采用本节方案网络通信代价会更小，实际应用中，由于采用本节方案密钥树的度不受限制，可以根据需要动态调整，本节方案支持节点的动态加入，适合于大规模的通信网络。

本研究结合数据结构中 Kruskal 算法提出一种组播密钥管理方案，该方案在设计中考虑了节点间的通信距离与能量，实现了簇头节点间的树状拓扑结构及普

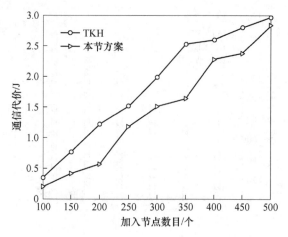

图 4-8　节点加入时的通信代价

通节点与本簇簇头间的星型拓扑结构，并据此探讨了组播成员的加入与删除算法及路由树、密钥树的更新过程，解决了组播成员通信过程中面临的代价高问题，所提出方案同样适用于分簇无线传感器网络。理论分析与实验表明，所提出方案性能良好，适用于大规模节点的通信，并能够降低节点间的通信代价。

4.2　一种针对节点剩余能量的组播密钥管理方案

相对于点对点的成熟安全通信机制，安全组播通信还有很多问题需要解决[12,13]。组播通信中，密钥安全是组播安全的基础，密钥管理在信息的加密和认证中发挥着重要作用，因此，寻找低能耗的密钥管理方案来延长网络的生存周期是当前研究的重点内容。

LKH 密钥管理方案是一种基于逻辑密钥树的密钥管理方案，这种方案作为一种集中控制式的密钥管理方案被提出，方案中都需要有一个可靠的、安全的组控制器 S，利用密钥树对整个组进行管理。当有新成员加入时需要通过 S 的认证，之后生成一个与 S 共享的密钥，称为组成员的私有密钥，并存储在密钥树的叶子节点上，这个密钥只有该叶子节点所代表的组成员和 S 知道，之后 S 为每个叶子节点到根的路径上所有剩余节点产生密钥，这些节点并不代表真实的组成员，只是逻辑上的节点，其作用是当组成员变化时能有效安全地进行新密钥的传递，所产生的密钥成为密钥加密密钥[14,15]。这类方案确保了加入及删除节点后网络安全性的同时，有效地减少了组成员动态变动时密钥更新的通信次数，并由起先应用于集中控制方式扩展到分布式及分层分组式[16]。

4.2.1　逻辑密钥层次方案

在已提出的利用逻辑密钥树生成密钥的方案中[17,18]，树中所有节点均对应一个密钥，组控制器存储树中的所有密钥，树中最低层的叶子节点与组成员相对应，每个组成员存储从该组成员对应的叶子节点到根节点路径上的所有节点对应的密钥；而树中的中间节点通常为辅助节点，用于向上层传递下层节点的密钥，因此所生成的树又称为逻辑密钥树。生成的密钥树中，树根代表组密钥，中间层所形成的密钥是密钥加密密钥，树中叶子节点表示组成员的私有密钥。为了减少密钥更新时的通信开销，Son 等人[19] 对逻辑密钥树方案进行了改进，提出了 TKH 方案，TKH 为四层密钥树，树中根节点代表组密钥，另外三层从上到下依次为树密钥、兄弟密钥及私有密钥，虽然这两种方案在密钥更新过程中能降低网络的通信开销，但所需要的存储量大，且动态加入和删除节点过程中密钥的更新量大。

本节根据组成员的剩余能量来组建密钥树，令能量最高的节点充当树的根节点并由它产生全局的组密钥，能量次高的节点位于低层产生局部组密钥，而能量低的叶子节点只需要保存各自的私有密钥，从而降低了由于反复重组密钥树所带来的通信开销。

4.2.2 基于节点剩余能量的密钥树

本节所构造的基于节点剩余能量的密钥树模型，树中每个节点直接对应于一个组成员，除根节点外，每个组成员存储各自的私有密钥及密钥路径上的全部密钥（根节点无私有密钥，只保存全局的组播密钥），本节所定义的树结构为任意的 k 叉树（$k>0$），为了研究方便起见，本节以节点所构成的二叉树模型为例进行说明，文中所提到的 LKH，也仅考虑密钥二叉树。

4.2.2.1 二叉树的生成

设网络中有 m 个节点按照能量依次降低的顺序排列，并把剩余能量最高的节点放在最左面，假设顺序为 n_1、n_2、$\cdots$、n_m，二叉树的构造规则为从上到下，从左到右，按照能量降低的顺序选择每个节点，即能量最大的节点作为根节点，其他节点依次类推，不难得出所构造的二叉树为完全二叉树，设 $m=7$，则形成的二叉树如图 4-9 所示。其中，树中每个节点和具体的组成员一一对应，这与逻辑密钥二叉树（LKH）有所不同。

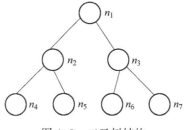

图 4-9 二叉树结构

4.2.2.2 密钥树的生成

根据完全二叉树的性质可知，若有 m 个组成员，树高为 $h(h>0)$，则 $h = \log_2 m+1$。现假设有 7 个组成员，按照剩余能量从大到小排序依次为（n_1、n_2、…、n_7），形成的二叉树如图 4-9 所示，则构造密钥树的高度为 $h = \log_2 7+1 = 3$，节点 n_1 具有最高的剩余能量，由它产生全局密钥 K_{00}，即全局密钥由能量最高的节点产生；节点 n_2 产生 K_{10}，节点 n_3 产生 K_{11}，即能量次高的节点产生局部密钥；而能量较少的节点如 n_4、n_5、n_6 和 n_7（叶子节点）无需产生组播密钥，网络中除叶子节点外的每个节点都保存各自代表的组播密钥，每个节点都保存各自的私有密钥及祖先节点的密钥，设 n_1、n_2、n_3、…、n_7 的私有密钥分别为 K_1、K_2、K_3、…、K_7，则 n_1 保存 K_1、K_{00}，n_2 保存 K_{00}、K_{10}、K_2，其他节点依此类推。密钥树中除叶子节点外，每个节点都直接对应一个组播密钥，最下层为每个节点的私有密钥，所形成的密钥树如图 4-10 所示。

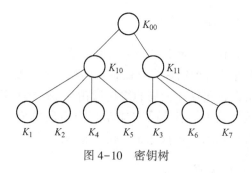

图 4-10　密钥树

4.2.3 密钥的更新

4.2.3.1 加入组成员

随着节点能量的消耗及不安全因素的存在，网络中会有越来越多的失效节点，为了避免监测区域内出现更多的"盲点"，需要动态向网络中部署新的节点，以准确得到所监测区域的信息。当有节点加入时，按照节点的能量插入到树中，并由组控制器 S 更新密钥。如新节点 n_8 加入时，按照其能量的高低由组控制器将它插入到树中，这里假设其能量在 n_6 与 n_7 的能量之间，则该节点将取代 n_7 的位置，之后需要更新其他节点的密钥，加入后的二叉树如图 4-11 所示。此时，要为节点 n_4、n_7 产生新的组播密钥 K'_{20}，令 $S \to \{n_i\} \{K'\}_K$ 代表组控制器 S 用密钥 K 加密密钥 K' 并发送给节点 n_i，则所需要的密钥更新过程为：

$$S \to \{n_1\} \{K'_{00}\}_{K_1}; \quad S \to \{n_2, n_5\} \{K'_{00}\}_{K_{10}}$$

$$S \to \{n_4\} \{K'_{00}, K'_{20}\}_{K_4}; \quad S \to \{n_3, n_6\} \{K'_{00}, K'_{11}\}_{K_{11}}$$

$S \to \{n_8\}\ \{K'_{00}, K'_{11}\}_{K_8}$; $S \to \{n_7\}\ \{K'_{00}, K'_{10}, K'_{20}\}_{K_7}$

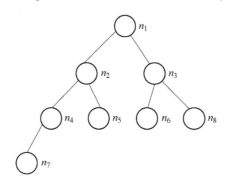

图 4-11　组成员的加入

4.2.3.2　删除组成员

为了保证组播成员进行安全的数据传输，当有节点失效或被敌方捕获时，要把这些节点从网络中隔离出去，即前向私密性[20,21]，与此同时，要更新该节点所产生的组播密钥。本章中，由于组播树中节点按照能量降序排列，所形成的组播树一定为完全二叉树，当节点失效时，该失效节点若有右孩子则一定具有左孩子，因此所执行的算法为：

（1）若该失效节点有左孩子，令其左孩子替换该节点且保留该左孩子与其孩子节点的原有关系不变，由组控制器 S 产生新的密钥并广播给需要更新密钥的成员；

（2）若该失效节点为叶子节点，则直接从树中删除该节点，剩余树的结构不变，并由 S 产生新的密钥，向与该失效节点含有相同密钥的其他组成员进行广播。

图 4-9 中，当 n_7 失效时，由 S 删除该节点，删除节点 n_7 后的二叉树如图 4-12 所示，S 重新生成 n_7 失

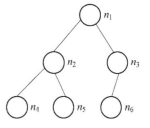

图 4-12　组成员的删除

效前所含有的密钥，并广播给其他含有这些密钥的节点，所需要的密钥更新过程为：

$S \to \{n_2, n_4, n_5\}\ \{K'_{00}\}_{K_{10}}$; $S \to \{n_3\}\ \{K'_{00}, K'_{11}\}_{K_3}$

$S \to \{n_6\}\ \{K'_{00}, K'_{11}\}_{K_6}$; $S \to \{n_1\}\ \{K'_{00}\}_{K_1}$

4.2.4　性能分析

本节所提出的密钥树，树中的全部组成员可以利用树根对应的密钥实现全局组播通信，局部的组成员可以利用子树中根节点对应的密钥来实现局部组播通信，而剩余能量低的节点不产生全局或局部的组密钥，只保存各自的私有密钥，

从而减少密钥的更新量，降低网络的通信开销。本节将从节点的密钥存储量、节点失效后的密钥更新量及树中所能表示节点的数目对两种方案进行了对比分析。

4.2.4.1 密钥存储量

本节所定义的密钥树，每个节点存储各自的私有密钥及祖先节点的组播密钥，根结点存储两个密钥，第 i（$i>1$）层上所有节点的密钥存储量为 $i \times 2^{i-1}$，从而得到节点的总密钥存储量为 $2^h \times (h-1)+2$；LKH 方案中，逻辑密钥二叉树中每个叶子节点对应成员，每个组成员的密钥存储量为 h，当有 2^h-1 个组成员时，所有组成员的总密钥存储量为 $(2^h-1) \times h$；组控制器存储密钥树中所有的密钥，在 Matlab 环境下，对两种方案的密钥存储量进行了对比，得到的密钥存储量关系如图 4-13 所示。

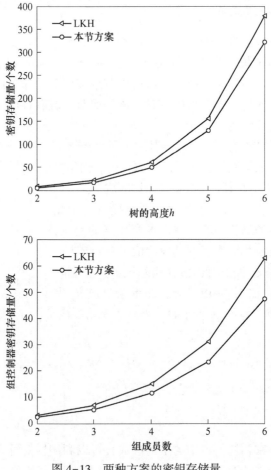

图 4-13 两种方案的密钥存储量

从图 4-13 中可以看出，在密钥树高度相同的条件下，采用本节方案节点的密钥存储量更小，原因是本节方案密钥树中每个节点都是真正的组播成员，LKH 中则仅是叶子节点对应组播成员，因此当树高相同时，LKH 方案中所有节点的总祖先数目更多。

4.2.4.2 节点失效后的密钥更新量

本节所介绍二叉树中所有节点与组播成员相对应，同时需要考虑组成员的动态加入和删除。当某个成员失效时，无论其剩余能量有多少，它的祖先密钥都需要更新。网络中要更新失效成员所存储的所有密钥，所以本节将所有成员含有的平均密钥个数作为密钥更新量的衡量标准。LKH 中，当一个成员失效时，要更新除了失效成员的私有密钥外，密钥路径上全部密钥都要更新，当密钥二叉树的高度为 h，不难计算当有成员失效时，所需更新的密钥量为 $h-1$ 个，设节点的总密钥存储量为 T，则本节方案中，平均密钥更新个数是节点所存储的全部密钥的平均个数，为 $T/(2^h-1)=[(h-1)\times 2^h+1]/(2^h-1)$，两种方案的密钥更新量关系如图 4-14 所示。

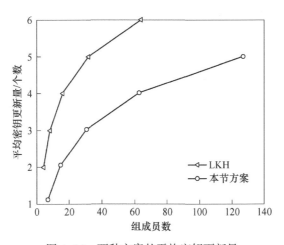

图 4-14　两种方案的平均密钥更新量

4.2.4.3 二叉树中组成员的数目

设二叉树的高度为 h，则本节方案中，由于树中每个节点均与组播成员一一对应，因此，在完全二叉树中可以表示的节点数目为 2^h-1，而在 LKH 方案中，仅叶子节点是组播成员，所以采用该方案可以表示的节点数目为 2^{h-1}。图 4-15 对两种方案所表示的节点数目进行了对比，从图中可以看出，在树高相同的情况下，随着树高的增加，本节所能表示的节点数目多的趋势更加明显，这是因为本节所介绍的二叉树中总节点数目即为组成员的个数；而 LKH 中，仅树中叶子节点代表组成员；该结果也表明本节方案更适合大规模的组播通信。

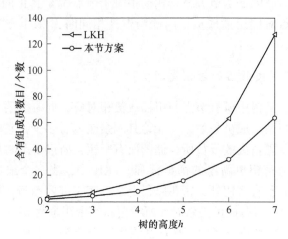

图 4-15 两种方案表示的组成员数目

4.2.5 总结

本节针对现存组播密钥管理方案 LKH 的不足进行改进，提出了一种基于密钥树的组播密钥管理方案，并实现了网络的动态更新。最后，分析了该方案的存储量、密钥更新开销等问题。仿真结果表明，采用该方案节点的存储量小、密钥更新量小，该方案也可用于大规模的无线传感器网络中；采用该方案，可以减少节点的存储量，降低网络的更新代价，延长网络的生存周期。

4.3 无线传感器网络中改进的 EEUC 路由算法

无线传感器网络经常部署在非常恶劣的环境甚至是敌方军事区域中，网络中传感器节点高度密集，这些节点的能量有限、带宽资源有限，并且当节点失效后无法补充能量，节省能量对于节点来说至关重要，因此，提出高效的路由算法以均衡网络中节点的能量，延长网络的存活时间迫在眉睫[22]。目前，分簇无线传感器网络由于扩展性好得到了越来越多的关注，这类网络中，首先按照一定的规则选择若干簇头节点，之后普通节点会选择簇头加入进而形成以簇头为中心的若干个簇。簇的内部，数据将由普通节点直接传向簇头，簇头收到后进行融合并按照一定的算法把数据经单跳或多跳传递给基站，多数算法均假设基站的能量不受限制，并且通过该节点可以把信息传给最终网络使用者。通过深入研究现有分簇路由算法 lEACH、EEUC，针对 EEUC 存在的问题进行改进，提出一种低能量消耗的路由算法。

4.3.1 相关工作

4.3.1.1 LEACH

LEACH 是一种典型的分簇路由算法，后来的许多路由算法都针对它的不足进行改善。采用该算法把网络的运行分成多个周期（也称为轮），由于簇头节点既要传递信息又要对数据进行融合，为了保证节点能量消耗的均衡，节点之间轮流当选簇头。LEACH 中每一轮都包括簇头的选择、建立簇和数据通信三个过程。根据产生的簇头，在簇建立阶段，普通节点按照距离加入最近的一个簇头，之后节点以自组织方式形成多个簇结构的网络。在数据通信阶段，簇内普通节点以单跳方式将数据发送给簇头，簇头对收到的数据进行融合并将数据发给基站，LEACH 将网络的能量负载均衡的分配给每个节点，进而降低了网络中能量消耗[23,24]。

4.3.1.2 EEUC

LEACH 算法通过周期性地重新分簇，让节点轮流担任簇头，使得网络中节点均衡消耗能量，但簇头节点将信息以单跳的形式传递给基站，消耗能量大，并且没考虑到基站附近节点的"热区"问题，即其附近簇头节点担负更多的数据转发任务，耗费能量大，更容易失效，造成网络能量消耗的不均衡。EEUC 算法是一种非均匀分簇算法[25]，算法通过计算每个节点的竞争半径来划分簇结构，在簇头选择阶段，随机性的产生一些临时簇头，之后根据临时簇头的能量从中选择最终的簇头。在簇建立阶段，算法让基站附近簇头节点形成更小的簇，离基站远的簇头形成更大的簇，通过这种非均匀分簇的方式降低了靠近基站的簇头节点能量消耗，解决了"热区"问题，并且最终簇头将以多跳的形式将信息发给基站，延长了网络的生存周期。

4.3.2 问题的描述

通过对 EEUC 算法的深入研究，发现存在以下几个问题：

（1）算法的扩展性问题。EEUC 算法开始前需要计算网络中所有节点到基站的距离，并从中找到离基站最近和最远距离来计算各节点的竞争半径，这影响了网络的扩展性，一旦加入的节点到基站的距离最远或最近，或者删除的节点到基站的距离最远或最近，则所有节点都要重新计算各自的竞争半径，并通过发送信息通知其他节点，网络通信代价大。

（2）"空洞"节点问题。按照 EEUC 算法形成的网络存在一些节点没有任何簇可以加入。如图 4-16 所示，图中表示基站位置坐标为（0，300），"△"表示簇头节点，"○"表示普通的传感器节点，"*"表示未加入任何簇的节点。图中大圆圈表示各个簇，每个簇内所有节点以簇头为中心构成簇结构。所有簇头以基站为根节点形成一棵树，图中用粗线进行表示。从中不难看出，存在一些"空洞"节点，如图 4-16 中箭头指向的"*"。

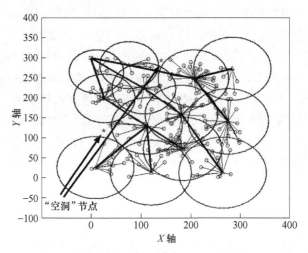

图 4-16　EEUC 算法形成的网络图

（3）临时簇头选择问题。在簇头选择算法上，每个节点都以预先设定的概率参与竞选，没有考虑节点的剩余能量。从而在选择的临时簇头中，有一些节点能量不足，无法用它们传递数据，在最终簇头的选取中无法获胜，导致产生的簇头不够均衡[26]。

改进后的 EEUC 路由算法称为 I-EEUC，算法的创新点体现在：（1）与 LEACH 不同，考虑了簇头能量耗费大的问题，为了降低这些节点的耗能，采用类似 EEUC 的非均匀分簇的思想。（2）与 EEUC 不同，在临时簇头的选择上，考虑了节点的剩余能量；在节点竞争半径的选择上，无需考虑离基站最近或最远节点到基站的距离，降低新节点加入或旧节点离开重新计算每个节点的竞争半径所耗费的能量；与此同时，解决了 EEUC 算法中存在的"空洞"节点问题，这些节点将选择距离最近的簇头加入。按照 I-EEUC 算法形成的网络结构如图 4-17 所示。

4.3.3　改进的 I-EEUC 算法描述

4.3.3.1　簇头竞争半径的计算

I-EEUC 算法中，节点的竞争半径不依赖于离基站最近节点及最远节点到基站的距离。由于节点通常要部署在特定区域，所以，竞争半径与节点所处的区域

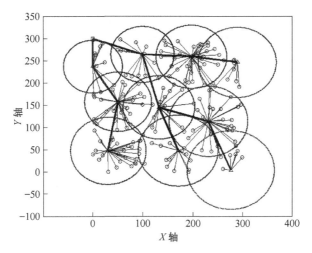

图 4-17 I-EEUC 算法形成的网络图

范围密切相关，所以，改进路由算法中节点 i 竞争半径的计算公式定义为：

$$s(i).r = \left[1 - c \times (\mathrm{sqrt}(X_m^2 + Y_m^2) - s(i).\mathrm{dis\,To\,BS})/\mathrm{sqrt}(X_m^2 + Y_m^2)\right] \times Rc$$

式中，X_m、Y_m 分别为节点部署区域的横坐标与纵坐标；$s(i).\mathrm{dis\,To\,BS}$ 为节点 i 到基站的距离；Rc 为竞争半径的最大取值，c 是用于控制节点竞争半径取值范围的参数。当 c 越来越大时，节点的竞争半径将会减小，从而促进簇头之间的距离减小，簇头间将采用自由空间模型进行通信，否则将会采用功率放大模型进行通信。因此，c 值越大网络中能量耗费的越小，但 c 值过于大，则节点的竞争半径会很小，导致网络中簇头数目过多、簇的大量增加，覆盖面积增大。因此，通过实验验证了 c 的最佳取值。当 $0<c<0.3$ 时，节点耗费能量最大，而当 $c>1$ 时，节点竞争半径会产生负值，因此，实验取值如图 4-18 所示。实验表明：当 $c=0.7$

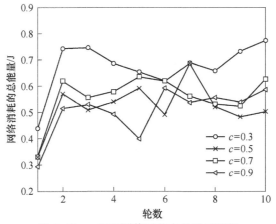

图 4-18 c 取不同值时节点总能量消耗

时，生成的簇结构最合理，每轮节点消耗能量和比较稳定。虽然当 c 取 0.9 时节点总能耗达到最小，但此时节点的竞争半径过小，网络覆盖区域过多。因此，在该实验环境下，c 的最佳取值为 0.7。

4.3.3.2 簇头选择算法

I-EEUC 算法中，每一轮都按照下面的成簇代码形成簇结构。临时簇头选择借鉴于 HEED[7,8]，考虑到节点的剩余能量，并在最终簇头的选择过程中考虑临时簇头到基站的距离，从中选择离基站最近的节点。为了解决"空洞"节点问题，对于没有加入任何簇的普通节点，选择距离最近的一个簇头加入，成为该簇中的节点。

算法中，第 1～2 行是初始化过程，计算节点当选临时簇头的概率，$s(i).RE/s(i).Eo$ 表示节点的剩余能量与初始化能量的百分比情况，并产生一个随机数。第 3～12 行用于确定临时簇头，并将节点成为临时簇头的消息进行广播，此外，还需要把邻节点归入到节点的临时簇头集合中。第 13～20 行根据节点是否当选簇头、竞选半径范围有没有发现已成为最终簇头的邻节点，选择能量大、离基站近的节点推荐为最终簇头并广播最终簇头消息。第 21～30 行当其他节点收到最终簇头节点发送的消息，则从临时簇头集合当中删除该节点。

① $s(i).prob = s(i).RE/ s(i).Eo + prob$

② $temprand \leftarrow RAND(0,1)$

③ $If(s(i).prob \geqslant temprand) then$

④ $s(i).TempCH = true$

⑤ End if

⑥ $If(s(i).tempCH = = true) then$

⑦ $Broadcast\ temp\_CH\_MSG(s(i).ID, s(i).r, s(i).RE)$

⑧ End if

⑨ When receiving a CH_MSG from node i

⑩ $If(dis(i,j) < s(j).r \| dis(i,j) < s(i).r) then$

⑪ Add node j to $s(i).TempCH(ID)$

⑫ End if

⑬ $while(s(i).tempCH = = true) do$

⑭ $If(\forall j \in s(i).tempCH(ID) \&\& (s(i).CH = = 1 \| s(j).CH = = 1)) then$

⑮ continue

⑯ Else

⑰ $If((s(i).RE > s(j).RE) \&\& (s(i).disBS < s(j).disBS)) then$

⑱ $Broadcast\ final\_CH\_MSG(s(i).ID)$

⑲ End If

⑳ End if

㉑ When receiving a final_CH_MSG from node j

㉒ If(j∈s(i). tempCH(ID))then

㉓ Broadcast QUIT_MSG(s(i). ID)

㉔ End if

㉕ If receive a QUIT_MSG from node j

㉖ If(j∈s(i). tempCH(ID))then

㉗ Delete node j from s(i). tempCH(ID)

㉘ End if

㉙ End if

㉚ End while

4.3.4 性能分析

使用 Matlab 来构建无线传感器网络的模拟环境，用 M 函数进行编程，并假设节点间的通信均采用无碰壁的 MAC 算法，不考虑因碰撞和重发所产生的能量消耗，所有传递的数据包、控制包的长度相同，LEACH、EEUC 与 I-EEUC 均采用表 4-2 中的参数进行实验，参数选择参考文献 [26~28]，假定簇内节点间均使用单跳通信方式将数据传给簇头，簇头间通过多跳方式将数据传给基站，仿真参数见表 4-2。

表 4-2 仿真参数

参数名称	取值	参数名称	取值
监测区域范围	$(0, 0) \sim (300, 300)\ m$	ERX	$50nJ/bit$
数据汇聚节点位置	$(0, 300)\ m$	prob	0.05
节点总数	200	数据包	5000bits
初始化能量 E_o	0.5J	ε_{mp}	$0.0013pJ/(bit \cdot m^4)$
ETX	$50nJ/bit$	ε_{fs}	$10pJ/(bit \cdot m^4)$
控制包	100bits	数据融合系数	0.95

图 4-19 中将 EEUC 与改进的 I-EEUC 进行了对比，实验进行了 100 轮，由于网络中簇头消耗的能量是最多的，因此，实验中忽略普通节点能量消耗问题，仅考虑簇头耗能，并将每十轮簇头消耗的能量加和后将两种算法进行了对比。由于 LEACH 算法耗能非常明显，当运行轮数目过多时，节点能量几乎耗尽，因此，将前十轮中，每轮消耗能量在图 4-20 中与 EEUC、I-EEUC 进行了比较。从中不难看出，与 EEUC、LEACH 相比，采用 I-EEUC 算法网络消耗的能量更少，更能延长网络的寿命。

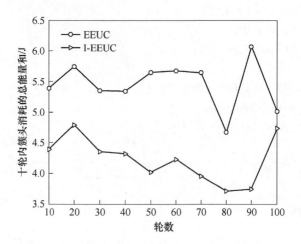

图 4-19 每十轮簇头消耗的能量和

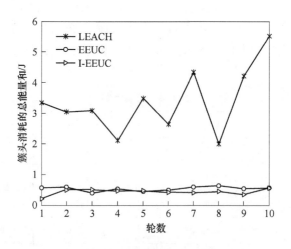

图 4-20 每轮簇头消耗的能量

4.3.5 结论

针对现有 EEUC 算法的不足进行改进，提出了 I-EEUC 算法，算法中改进了竞争半径的计算方法，并优化了簇头选择算法，最后通过仿真实验确定了竞争参数的取值，并与 LEACH、EEUC 进行了对比。结果表明，采用 I-EEUC 算法可以降低节点的能量消耗、延长网络的存活时间。但算法中假定节点、基站的位置是固定的，尤其是基站的最优位置并未考虑，而事实上基站的位置直接影响了节点的传输距离和消耗的能量，这是今后的研究方向。

4.4　一种分簇 WSN 最小跳数路由算法研究

传感器可以用来感知或监测各种不同的物理参数或状态。与有线传感器相比，无线传感器不仅能够减少网络部署的时间和成本，而且可以应用于任何环境，尤其是那些人类不易到达的区域，如战场、海洋深处。这使得无线传感器网络的应用范围日益广泛，如环境监测、健康医疗、农业、军事等方面[29]，该类网络的路由算法也成为研究的热点课题。由于无线传感器网络由成千上万的价格低廉、安全性低的传感器节点组成，这些节点具有低能耗、存储量小、通信范围有限等特点[30,31]，导致了传统的路由算法不再适用于无线传感器网络。

4.4.1　相关工作

近年来，针对无线传感器网络国内外学者提出了许多路由协议[30-32]。MHC[32] 算法在洪泛算法[33] 和定向扩散算法[34] 的基础上引入了最小跳数概念，最小跳数梯度场建立阶段通过基站（BS）周期性洪泛自身的跳数值来实现，算法中节点接收数据包后就会向其父节点进行转发直至数据发送给 BS。MHC 算法虽然能够选择离基站更近的节点发送数据，但最小跳数计算需要基站洪泛信息实现，这会消耗大量的能量，此外在数据传送阶段未对转发的数据进行记录，由于一个节点会有多个父节点，算法虽然是受控 Flooding，也会造成多个相同的数据在发送，进而造成数据碰撞和能量损耗。针对洪泛信息的重叠问题，田丰等人[35] 提出基于路由表信息来构造路由算法（SPBT），该算法虽然优化了传输路径，但并未改变 MHC 中由 BS 洪泛信息建立节点跳数导致能量的大量消耗问题。王坤赤等人[36]、段文芳等人[37] 提出了最小跳数路由算法，基本思想是通过节点间发送消息完成最小跳数的建立，两个算法均采取了报文缓存和 ACK 机制优化了数据传输过程，此外文献［36］（I-MHR 算法）引入了 Hello 包插队机制和路由维护过程。所述几种算法虽然均能保证选择的转发节点能量足以完成数据传输，但频繁的发送 ACK 回复帧会大大消耗网络的资源，此外，算法中下一跳节点的选择往往会造成时间过长且会由于路由节点不满足条件导致发送迂回的数据，这会极大地浪费网络的资源，这对能量受限的 WSN 是致命的缺陷。由于分簇路由算法扩展性好，通过簇头对数据的融合有效减少了传输数据量，降低节点开销，为了进一步提高算法效率，针对最小跳数路由算法存在的问题，提出一种分簇 WSN 最小跳数路由算法。

4.4.2　基于最小跳数的路由算法

提出的路由算法（记为 RIA）主要由簇形成、最小跳数建立、数据传送三个阶段构成，算法假设如下：

（1）BS 唯一，不会被敌方俘获，知道网络中每个节点的位置信息；

（2）网络中有 n 个传感器节点，所有节点的初始能量相等且部署后不能移动；

（3）节点具有感知位置信息、能量的功能，节点能够感知其周围的邻节点。

RIA 所用到的变量定义如下：

i：节点 n_i 的标识符；

$n+1$：BS 的标识符；

$s(n_i).H$：节点 n_i 的跳数；

d_1：节点通信范围的距离阈值；

H_t：节点到 BS 的跳数阈值，用以决定跳数在下一跳节点选择中影响的限度；

Dn_i-n_j：节点 n_i 到节点 n_j 距离的绝对值；

Dn_{j-BS}：节点 n_j 到节点 BS 距离的绝对值；

E_i：网络中节点 n_i 所有邻居节点的能量均值；

r_1、r_2：均为小于 1 的常数，用以决定能量、跳数、节点间距离所占的权重。

4.4.2.1 簇形成阶段

典型分簇路由算法如 LEACH[38] 及对其改进的算法 HEED[39]，LEACH 算法由于簇头选择的随机性，会造成网络中簇头不均衡，进而产生网络中的"盲点"。为了解决 LEACH 中存在的问题，HEED 算法选择簇头时在 HEED 算法基础上考虑了节点的能量，具有较多剩余能量的节点将有较大概率暂时成为簇头，而最终该节点是否一定当选为簇头取决于迭代过程是否比周围节点收敛的快。为了选择效率更高的簇头，所提出的 RIA 算法在选择候选簇头时考虑了节点的剩余能量，此外在最终簇头的选择过程中加入了"候选簇头节点到 BS 距离"的条件，选择距离更小的节点作为簇头，进而降低长距离传输耗费的能量。如图 4-21 所示，网络中有三类节点，BS、簇头与非簇头节点。BS 位于网络边缘左上角处，如图 4-21 中五角星"☆"所示，簇头节点为空心小圆圈"○"，非簇头节点为实心黑点"●"，簇头确定后，非簇头节点会根据簇头能量、到簇头的距离两个因素来选择加入，算法假设一个簇中仅含一个簇头，则分簇阶段完成后网络中会形成多个以簇头为单位的簇。

4.4.2.2 网络建立阶段

节点分布在监测区域后，在计算最小跳数的过程中，为了降低 BS 向整个网络洪泛信息耗能大的问题，算法中先通过 BS 发送信息确定跳数为 1 的节点，之后根据节点的局部广播信息来计算其他节点的跳数，具体算法如下：

（1）网络部署初期，设置 BS 的跳数值 $s(n+1).H=0$，节点的跳数值设置为

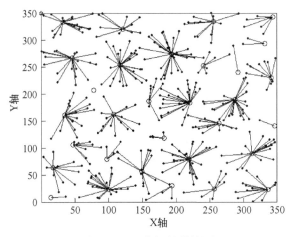

图 4-21　网络拓扑结构图

$s(i).H = 9999$（设置为很大的数，实际不可达到），令父节点列表为 NULL；

（2）BS 计算每个节点到其距离，之后以 d_1 为通信半径进行广播消息 MHOP（$n+1$，1），节点 n_i 收到后在其路由表中记录 $s(n_i).H = 1$；

（3）节点 n_i 向网络中的其他传感器节点广播 HELLO 包，包中含源节点的 ID 及其到 BS 的最小跳数 HOP，周围节点收到后将报文中 HOP 值加 1 后与自身存储的跳数值进行比较，若小于自身的跳数值，则将 HOP 加 1 作为其到 BS 的最小跳数并将该跳数值对应的节点 ID 加入其父节点表中；

（4）其他节点重复执行（3），直到每个节点都记录了到 BS 的最小跳数值。

4.4.2.3　路由节点的选择策略

节点在传送数据的过程中，为了进一步提高数据传输速率，解决 SPBT、I-MHR 等协议中频繁发送 ACK 确认帧的问题，在数据传送时，节点 n_i 按照能量均值 E_i，从其邻节点内选择大于该值的其他节点作为候选路由节点，即首先要保证中继节点的能量充足，但若在最终路由节点的选择中仅考虑节点到基站的跳数、能量也会存在问题。如图 4-22 所示，图中黑色实心节点能量耗尽为 0，节点 n_i 选择路由节点时，在其通信范围内的两个节点 n_k 与 n_j 能量满足要求，则由于两个节点都在到基站的同跳数通信范围内，即 $s(k).H = s(j).H$，但由于 $s(k).RE < s(j).RE$，节点 n_j 将被选为下一跳，而事实上 $Dn_{i\text{-}}n_k + Dn_{k\text{-}BS} < Dn_{i\text{-}}n_j + Dn_{j\text{-}BS}$，若选择 n_k 会降低由于更长距离传输数据带来的多余能量耗费。因此，算法 RIA 在下一跳节点的选择过程中考虑了节点到基站的跳数、节点的能量并引入节点间及节点到基站的距离，此外通过参数的设置实现能量与跳数在不同情况下对选择下一跳节点的影响程度不同。

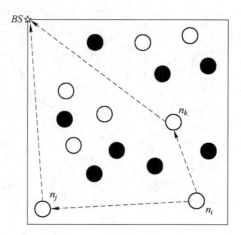

图 4-22 路由节点的选择

节点 n_i 下一跳节点的选择算法如下：

① for k = 1:1:NeiborNumber

② if(s(tempH(k)). RE>(E_i)&&
s(tempH(k)). H< hop)

③ hop = s(tempH(k)). H;

④ MIN = tempH(k);

⑤ end if

⑥ end for

⑦ if(MIN> 0)

⑧ for k = 1:1: NeiborNumber

⑨ if(s(tempH(k)). H−MIN< T_0)

⑩ TY = TY+1;

⑪ end if

⑫ end for

⑬ if(TY>0)

⑭ for k = 1:1: NeiborNumber

⑮ if(i >tempH(k))

⑯ tempE = r_1/s(tempH(k)). RE+r_2 * ((DisHeads
(tempH(k),i))^2+(DisHeads(tempH(k),tempH(k)))^2)+(1−r_1−r_2) * s(tempH(k)). H;

⑰ else

⑱ tempE = r_1/s(tempH(k)). RE+r_2 * ((DisHeads
(i,tempH(k)))^2+(DisHeads(tempH(k),
tempH(k)))^2)+(1−r_1− r_2) * s(tempH(k)). H;

⑲ end if

⑳ if(tempE<tempValue)

㉑ tempValue = tempE;
㉒ MIN_ID = tempH(k);
㉓ end if
㉔ end if
㉕ else
㉖ MIN_ID = MIN;
㉗ end if
㉘ end if
㉙ end if

算法中，第 1~6 行用于在节点 n_i 的所有邻居节点中选择能量大于均值 E_i 且跳数最小的节点，并把该节点的 ID 号存储在 MIN 变量中；第 7~29 行用于实现路由节点的选择，其中第 8~12 行用于判断是否节点 n_i 的所有其他邻居节点的跳数与节点 MIN 的差均小于阈值 T_0，用 TY 变量进行标识；第 13~24 行表示 n_i 的邻节点中存在与 MIN 节点跳数差值小于 T_0 的节点，此时其每个邻节点 n_j 会各自计算 $T_{n_j} = r_1/s(j) . RE + r_2 \cdot s(j) . H + (1 - r_1 - r_2) \cdot \sqrt{D_{n_i - n_j}^2 D_{n_j - BS}^2}$，节点 n_i 选择中继节点时将从其路由表中选择具有最大 T_{n_j} 的邻节点作为下一跳路由节点，若不存在这样的邻节点则 n_i 的下一跳路由节点即为标识符为 MIN 的节点，见算法的 25~27 行。该算法先通过能量均值 E_i 来限定候选路由节点的数目，当多个候选节点到基站的跳数相近时（跳数差值不大于阈值 H_t），则在最终路由节点选择时要考虑候选节点的能量、到基站的跳数与距离因素，即优先选择综合性能最好的节点作为下一跳，反之，若跳数差值大于阈值 H_t 时，则在中继节点选择时不再考虑能量、距离，完全取决于跳数，按照此方式选择下一跳节点以降低节点发送迂回数据浪费能量，最终优化路由过程。

4.4.3 性能分析

为了验证 RIA 算法的有效性，在 MATLAB 实验环境下将该算法与 SPBT、I-MHR 进行了对比。假定节点被随机地部署在监测区域的二维正方形空间内，节点的位置在该区域内随机生成，BS 节点位于网络边缘处，RIA 算法假定在簇头仅收集信息而不进行数据的融合，所采用的能量消耗模型取自文献［40］，部分参数[34] 选择见表 4-3，其中的跳数阈值 T_0、距离阈值 d_1、r_1、r_2 经过多次实验并取该参数的最佳值以使得算法耗能最小。在节点总数 $n = 500$ 时，三个算法的仿真实验各进行了 20 轮，每一轮网络中的各节点向目的节点发送一次数据，SPBT、I-MHR 算法中各节点向 BS 发送，而 RIA 算法中每个非簇头节点将数据发给本簇簇头，每个簇头节点将数据发送给 BS，将三种算法中节点的能量有效性、存活节点数量、最小跳数分别进行了对比。

表 4-3 实验时的网络环境参数表

参数	取值
监测区域范围	$(0, 0) \sim (350, 350) \, m$
节点初始能量	0.5J
ETX（传输数据耗能/位）	$50nJ/bit$
控制包大小	200bits
数据包大小	5000bits
ε_{mp}	$0.0013pJ/(bit \cdot m^4)$
ε_{fs}	$10pJ/(bit \cdot m^4)$
T_0	5
d_1	50
r_1	0.3
r_2	0.4

4.4.3.1 能量有效性对比

将三种算法前 i（$1 \leqslant i \leqslant 20$）轮所有节点耗能总和作为能量有效性的指标。由于 SPBT、I-MHR 算法耗能较多，当运行时间过长时，节点能量耗费大，因此，实验比较了前 20 轮的算法耗能情况，从图 4-23 中不难看出，与 SPBT、I-MHR 相比，采用 RIA 算法节点消耗的能量更少且能量增长趋势较慢，原因在于前两种算法中每个节点都需要将数据直接发送给 BS，发送数据过程中下一跳节点的选择仅考虑父节点中剩余能量最大的节点，而 RIA 算法通过分簇算法改变了节点传输数据模式，非簇头节点仅需将数据直接传输给本簇内簇头节点，传输的距离更小，且算法中在路由节点的选择策略上，考虑节点能量、到基站的最小跳数与到基站的距离，并令三个因素在不同情况下对路由节点的选择起不同的作用，优化了路由节点的选择，因此节点的耗能更少。从图 4-23 可以看出，前 20 轮节点的耗能和采用 RIA 算法在 50J 以下，而前两种算法达到了 200J，这也进一步说明了 RIA 算法性能更可靠，采用该算法更能延长网络的寿命。

4.4.3.2 网络中存活节点情况

与 SPBT、I-MHR 算法相比，由于采用 RIA 算法每轮节点耗能更加均匀，从图 4-23 可以看出，RIA 算法能量几乎呈线性增长。从图 4-24 中可以看出，采用 RIA 算法网络运行了 10 轮以后才开始出现死亡节点，并且随着轮数的增加，死亡节点数量呈缓慢上升趋势，而 SPBT、I-MHR 两种算法在第 2 轮就开始出现死亡节点，并且存活节点数目随着轮数的增加急剧下降，原因在于采用 RIA 算法每

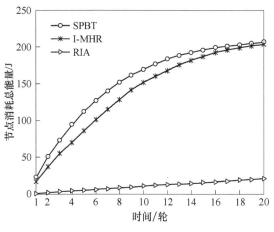

图 4-23 节点耗能情况

轮节点的平均耗能更小，其余两种算法平均耗能大，因此随着网络运行时间的增加，死亡节点数目也随之大大增多，这也进一步说明了采用 RIA 方案能够保证在同样的时间内存活节点数目更多。

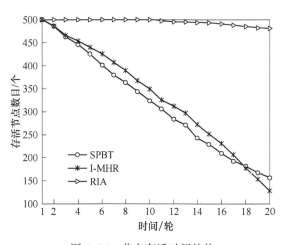

图 4-24 节点存活时间趋势

4.4.3.3 最小跳数

将三种算法前 20 轮中所有节点到 BS 的平均最小跳数进行了对比，如图 4-25 所示，不难看出，在三种算法所选共同参数相同的情况下，RIA 算法的平均跳数的取值要比 I-MHR 、SPBT 算法小，原因在于 RIA 算法在其所有父节点中选择路由节点时考虑了节点的能量、最小跳数、距离三个因素的综合情况，并通过算法设置各因素所起作用，优化了路由过程，使得每轮最小跳数的平均值更接近，而 I-MHR 算法在选择时仅考虑父节点的剩余能量，SPBT 算法则考虑了节点的能量和最小跳数，导致路由节点的选择优化程度低。

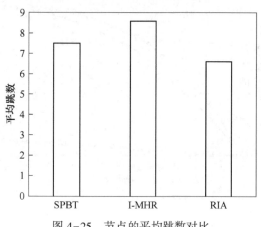

图 4-25　节点的平均跳数对比

4.4.3.4　扩展性

为了进一步验证 SPBT、I-MHR 与 RIA 三种算法的扩展性能，将每个算法的仿真实验进行了 5 次，选取节点数目分别为 100～500 个，每次实验进行了 1 轮，每轮各节点进行了一次到目的节点的数据传送，将三种算法每轮节点的耗能和进行了比较，如图 4-26 所示。从中不难看出，随着节点数目的不断增多，前两种算法耗能趋势有大幅度的增加，其中 SPBT 算法耗能更大，原因是该算法中最小梯度场的建立阶段是 BS 周期性洪泛自身的跳数值来建立而在周期之外打开的节点需要等待下一次网络建立才能真正的参与数据传输，因此新节点加入时最小跳数的建立过程会消耗掉大量的能量，I-MHR 算法则在最小跳数求解中根据节点发送的广播型报文来动态计算，此外在数据传送阶段该算法引入了侦听机制来在全网建立单一的传输路径，避免了数据包的多路径冗余传输带来的能量耗费，因此该算法的能耗要比 SPBT 小，所提出的 RIA 算法耗能增长趋势较迟缓，每轮的耗能均在 5J 以下，原因在于该算法采用分簇机制，在最小跳数的建立上，算法主要通过邻节点广播信息来实现，路由节点选择更优化，因此当网络中有大量节点加入时，RIA 算法的平均耗能较小，扩展性良好，适合大规模节点的加入。

针对分簇式无线传感器网络，提出一种基于最小跳数的路由算法。算法分为簇建立、路由节点的选择、数据传送三个阶段，并对所提出算法的各阶段实施过程进行了介绍，最后将提出算法与另外两种算法进行了对比，理论分析与仿真结果表明，所提出的算法适合于大规模的无线传感器网络，在降低网络能量消耗的同时，延长了网络的生存期。

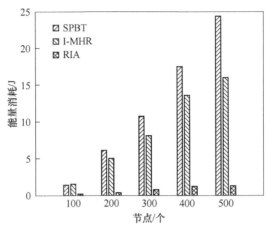

图 4-26 节点耗能趋势

4.5 一种无线温度传感器网络中节能的路由协议

　　无线传感器网络在农业领域有广泛的应用，如部署温度传感器网络用以监测大规模农田的温度信息。网络中传感器节点通常采用电池供电，节点的能量是受限的，在设计路由协议时，保证节点高效使用能量来发送和接收数据是一个重要的设计原则，使得尽可能地延长整个传感器网络的生命周期。传感器节点由多个模块构成，其中主要的能量消耗模块有无线通信模块、传感器模块和信息处理模块，三个模块中，节点绝大部分的能量消耗在无线通信模块上。因此，目前提出的传感器节点通信路由协议主要是围绕着减少能量消耗延长网络生存时间而进行设计的。

　　无线传感器网络中，路由协议不仅关心单个节点的能量消耗，更关心整个网络能量的均衡消耗，选择路径史多的是根据所要采集的数据建立数据源节点到汇聚节点之间的转发路径，这样才能延长整个网络的生存期。目前提出了很多类型的传感器网络路由协议，就是基于上述的目的[41,42]。

4.5.1 相关工作及改进

　　LEACH 协议是比较早的路由协议之一，采用该协议把网络中节点的运行分成多个轮，每一轮可分成两个阶段，簇建立阶段和数据通信阶段。在簇建立阶段，相邻节点动态的形成簇，并以循环方式随机的产生簇头；在数据通信阶段，簇内节点把数据发送给簇头，簇头再进行数据融合并将融合的数据发给 Sink（汇聚节点），采用该协议节点自组织成不同的簇，每个簇只有一个簇头，通过随机选择簇头，LEACH 将网络的能量负载均衡的分配给每个节点，从而降低了网络中能量消耗，达到了提高网络寿命的目的[24,43]。Hwa 等人对该协议进行改进，提出了一种新的路由协议（记为 MERP）[44]，协议中使用"Strong Head"（称为"最优节点"）来实现传感器网络中高效的数据收集，采用该协议所形成的多个簇中，每个簇内的所有普通传感器节点将数据发送给本簇内的簇头节点，最后所有簇头节点对收集的数据进行融合并发送融合的数据给"最优节点"，最后由该节点将最终数据发送给 Sink。"最优节点"是从所有簇头中进行选择的，除能量因素外，由公式（4-1）决定：

$$SH(i) = \sum_{j=1}^{n} d_j^2 + d_{\text{Sink}}^2 \qquad (4-1)$$

公式（4-1）中，节点 i 代表当前的簇头节点，j 为被选节点 i 的单跳范围内节点（即本簇内的普通传感器节点）。d_j 代表 i 与 j 的距离，n 为 i 的邻节点数目，$\sum_{j=1}^{n} d_j^2$ 表示当前簇头与本簇中所有普通传感器节点的距离平方的和，该因素决定了一个簇内所有普通节点向簇头传递信息所耗费的能量。d_{Sink} 为节点 i 与 Sink 的距离，d_{Sink}^2 则表示当前簇头到 Sink 距离的平方，该因素决定了"最优节点"传递所有信息到 Sink 所耗费的能量，公式中将两个因素之和最小的簇头节点作为最后的"最优节点"，即具有最小 $SH(i)$ 的节点 i 会被选为"最优节点"。

LEACH 中所有簇头将融合的数据直接发送给 Sink，而 MERP 通过选择"最优节点"将所有簇头的数据都发送给该节点，由该节点将所有数据发送给 Sink，从而将直接与 Sink 通信的节点数目减少到 1 个节点，节省了簇头节点的能量。图 4-27 和图 4-28 为网络运行 100 轮后，采用 LEACH 与 MERP 协议网络中节点的运行情况，其中△表示簇头节点，◇表示存活的节点，普通节点分别选择不同的簇头，并以簇头为中心形成多个簇，×表示死亡的节点。

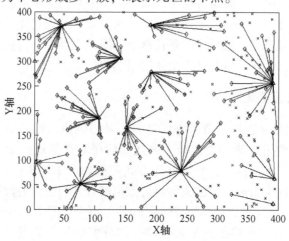

图 4-27　LEACH 网络结构

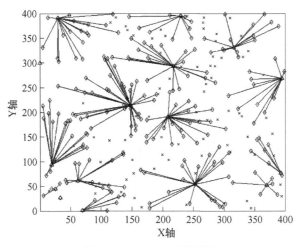

图 4-28 MERP 网络结构

MERP 协议中用公式（4-1）进行"最优节点"的选择，考虑的因素不够充分，在实际通信中，由所有普通节点将本簇内的信息传递给簇头，再由簇头传递信息给"最优节点"，最后由"最优节点"将信息传递给 Sink，而公式中并没有考虑所有簇头到"最优节点"进行通信的距离，该距离则决定了由簇头向"最优节点"传递信息耗费的能量，且由于簇头需要对收集的数据进行融合，所以耗费的能量比普通节点向簇头传递信息要大得多。因此，根据 MERP 的不足进行改进，提出了 ESRP。ESRP 方案中，"最优节点"的选择除考虑到文献 MERP 中的因素外，还需要考虑当前簇头节点与其他簇头的距离，从而使得选择出来的"最优节点"更有利于节点能量的高效使用，降低簇头将信息传递到"最优节点"的能量耗费。因此，改进方案中，除能量因素外，"最优节点"的选择公式为（4-2）：

$$SH(i) = \sum_{j=1}^{n} d_j^2 + d_{\text{Sink}}^2 + \sum_{k=1}^{m} d_k^2 (k \neq i) \qquad (4-2)$$

式中，前两项 $\sum_{j=1}^{n} d_j^2$ 和 d_{Sink}^2 与 MERP 相同；d_k 为当前簇头 i 与簇头 k 的距离；m 为包括节点 i 在内的簇头个数；第三项表示簇头 i 与所有其他簇头距离平方的和，具有最小 $SH(i)$ 的节点 i 会被选为"最优节点"。

4.5.2　性能分析

使用 Matlab 来构建无线传感器网络的模拟环境，用 M 语言进行编程，LEACH、MERP 与 ESRP 均采用表 4-4 中的参数进行实验，假定节点间均使用单跳通信方式并按照自由空间模型计算无线通信能量消耗。

表 4-4 参数及其取值

参数	取值	参数	取值
监测区域范围	$(0, 0) \sim (400, 400) \, m$	功率放大耗能	$10pJ/(bit \cdot m^4)$
Sink 的位置	$(0, 300) \, m$	接收 1 比特耗能	$50nJ/bit$
节点总数	300	融合 1 比特耗能	$5nJ/bit$
初始化能量	0.5J	数据压缩系数	0.95
发送 1 比特耗能	$50nJ/bit$	数据包	2000bits
网络中簇头百分比	0.05	控制包	100bits

下面从网络中死亡节点数目、节点消耗能量、网络中节点剩余能量三方面将 ESRP 与 LEACH、MERP 进行了比较和分析。图 4-29 是 ESRP 运行 100 轮后，网络中节点的部署情况，图 4-30 是三种方案运行后死亡节点数量的对比，从图

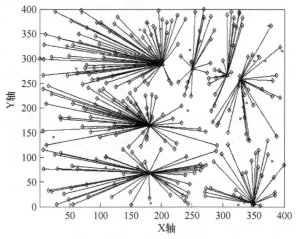

图 4-29 ESRP 网络结构

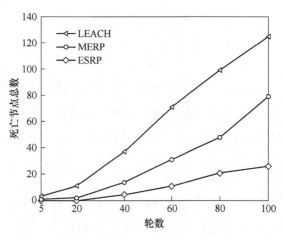

图 4-30 三种方案死亡节点的数目

4-27~图 4-30 中不难看出，在网络运行轮数相同的情况下，与 LEACH、MERP 相比，采用 ESRP 网络中存活节点的数目大，节点的总剩余能量多，原因是 ES-RP 中除了将与 Sink 通信的节点限制为一个"最优节点"外，采用更有效的因素确定了"最优节点"的选择，从而有效的利用节点能量进行数据的传输。

与 MERP 及 ESRP 相比，由于采用 LEACH 协议，随着轮数的增加，网络中节点的能量会大量的消耗，死亡节点的个数也会很多，所以网络中剩余节点的能量也会越来越少，因此将三种方案仅进行了前 10 轮节点能量消耗情况的对比，如图 4-31 所示。从中不难看出，采用 ESRP 节点耗费的能量相对均衡且明显少于其他两种方案。图 4-32 是三种方案节点的总剩余能量，从图中可以看出，在运行相同轮数的情况下，采用 ESRP 节点消耗的能量少，节点的总剩余能量多，这是因为采用 ESRP 降低了簇头节点传递信息消耗的能量。

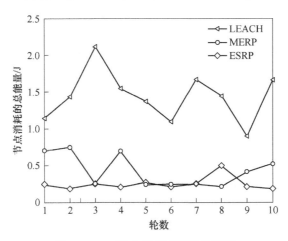

图 4-31　三种方案节点消耗的能量

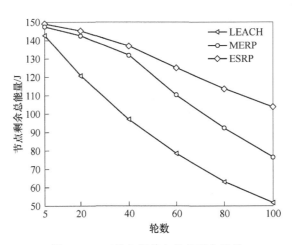

图 4-32　三种方案节点的总剩余能量

4.5.3 结论

针对现有 MERP 协议的不足进行了改进，提出了 ESRP 方案，方案中将与 Sink 通信的节点数目限制为一个"最优节点"，该节点的选择考虑了普通节点到本簇内簇头的距离、簇头到"最优节点"的距离、"最优节点"到 Sink 的距离，并通过实验进行了证明。最后，将改进方案与原有方案 LEACH、MERP 进行了对比，分析结果表明，采用提出的 ESRP 网络中死亡的节点数目少、节点总的剩余能量多，网络的生存周期长。

参考文献

[1] 刘志宇，马宝英，姚念民，等．基于组播通信代价的分簇密钥管理方案 [J]．计算机应用与软件，2015（9）：269~273．

[2] 蒋融融，张美玉．Tiny ILKH：一种改进的 WSN 逻辑层次组密钥管理方案 [J]．浙江工业大学学报，2012，40（3）：331~333．

[3] Wong C K, Gouda M, Lam S S. Secure group communications using key graphs [J]. IEEE ACM Trans Networking, 2000, 8（1）：16~30．

[4] 范书平，江凌生，姚念民．一种改进 LKH 的组播密钥管理方案 [J]．计算机工程与应用，2010，46（35）：104~108．

[5] 范书平，马宝英，姚念民．一种针对节点剩余能量的组播密钥管理方案 [J]．计算机工程与应用，2011，47（14）：106~108．

[6] Rajender Dharavath , Bhima K, Sri Vidya Shankari K. et al. Binary Tree Based Cluster Key Management Scheme for Heterogeneous Sensor Networks [C] //International Conferences：Communications in Computer and Information Science, 2011, 197：64~77．

[7] Son Ju-Hyung, Lee Jun-Sik, Seo Seung-Woo . Topological Key Hierarchy for Energy-Efficient Group Key Management in Wireless Sensor Networks [J]. Wireless Pers Commun, 2010, （52）：359~382．

[8] 严蔚敏，吴伟民．数据结构 [M]．北京：清华大学出版社，2002：144~148．

[9] Al-Karaki N , Kamal A E . Routing techniques in Wireless Sensor Networks：A Survey [J]. IEEE Wireless Communications, 2004, 11（6）：6~28．

[10] 李晖，刘志国，程琳静，等．基于逻辑密钥树的组播密钥管理研究进展 [J]．北京理工大学学报，2011，31（5）：547~550．

[11] 彭煜，张华忠，魏晓镇．WSN 中一种基于最小能耗树的路由协议 [J]．计算机工程与应用，2011，47（6）：109~112．

[12] Chu H H, Qiao L, Nahrstedt K. A secure multicast protocol with copyright protection [J]. Acm Sigcomm Computer Communications Review, 2002, 32（2）：42~60．

[13] Banerjee S, Bhattacharjee B. Scalable secure group communication over IP multicast [J]. IEEE J-SAC, 2002, 20（8）：1511~1527．

［14］ 徐明伟，董晓虎，徐恪. 组播密钥管理的研究进展［J］. 软件学报，2004，15（1）：141~150.

［15］ 宴轲，谢冬青. 基于逻辑密钥树的密钥管理方案及实现［J］. 计算机工程与应用，2006，31：145~148.

［16］ 宣文霞，窦万峰. 基于 LKH 的组播密钥分发改进方案 R-LKH［J］. 微电子学与计算机，2006，10（23）：213~216.

［17］ Wallner D，Harder E，Agee R . RFC2627 Key management for multicast：Issues and archi-tectures. 1999.

［18］ Wong C K，Gouda M，Lam. S S. Secure Group Communications Using Key Graphs［J］. IEEE Acm Trans Networking，2000，8（1）：16~30.

［19］ Son J H，Lee J S，Seo S W. Energy Efficient Group Key Management Scheme for Wireless Sensor Networks（Invited Paper）［C］// Proc. Int. Conf. Commun. Syst. Softw. Middle-ware Workshops，2007：4268027.

［20］ 李琳，王汝传，姜波，等. 无线传感器网络层簇式密钥管理方案的研究［J］. 电子与信息学报，2006，28（12）：2394~2397.

［21］ Snoeyink J，Suri S，Varghese G . A Lower Bound for Multicast Key Distribution［C］// Proc IEEE Infocom. 2001：422~431.

［22］ 孙利民，李建中，陈渝，等. 无线传感器网络［M］. 北京：清华大学出版社，2005.

［23］ 王选政，李腊元，张伟华，等. 无线传感器网络路由协议的研究［J］. 计算机应用研究，2009，26（4）：1453~1455.

［24］ Heinzelman W，Chandrakasan A，Balakrishnan H. Energy-efficient Communication Proto-cols for Wireless Sensor Networks［C］//Proceedings of the 33rd for the Hawaii International Conference on System Sciences：IEEE Computer Society，2000：3005~3014.

［25］ 李成法，陈贵海，叶懋，等. 一种基于非均匀分簇的无线传感器网络路由协议［J］. 计算机学报，2007，1（30）：27~35.

［26］ 田鹰. 无线传感器网络路由协议关键技术的研究［D］. 哈尔滨：哈尔滨工程大学，2009，25~26，39~41.

［27］ Younis O，Fahmy S. Heed：A hybrid，energy-efficient，distributed clustering approach for ad-hoc sensor networks［J］. IEEE Trans. on Mobile Computing，2004，3（4）：660~669.

［28］ 李晶，史杏荣. 无线传感器网络中改进的 HeeD 路由协议［J］. 计算机工程与应用，2007，43（25）：165~167.

［29］ 郑军，张宝贤. 无线传感器网络技术［M］. 北京：机械工业出版社，2012，6：8~9.

［30］ Wang Ying-Hong，Yu Chin-Yung，Chen Wei-Ting，et al. An Average Energy based Rou-ting Protocol for mobile sink in Wireless Sensor Networks［C］// Ubi-Media Computing，2008 First IEEE International Conference ，2008：44~45.

［31］ He Li-Ming. A novel Multi-path Routing Protocol in Wireless Sensor Networks［C］//Wire-less Communications，Networking and Mobile Computing，2008. WiCOM'08. 4th Internation-al Conference ，2008：1~4.

［32］ Han K H, Ko Y B, Kim J H. A novel gradient approach for efficient data dissemination in wireless sensor networks ［C］//IEEE 60th Vehicular Technology Conference, Orlando, 2004: 2979~2983.

［33］ Sun Li-Ming. Wireless sensor networks ［M］. Beijing: Tsinghua University Press, 2005.

［34］ Intanagonwiwat C, Govindan R, Estrin D. Directed diffusion: A scalable and robust communication paradigm for sensor networks ［C］//Proceedings of the ACM MobiCom, Boston, MA, 2000: 56~67.

［35］ 田丰, 仇庆丰, 孙小平, 等. 一种基于路由表的无线传感器网络路由协议 ［J］. 计算机应用, 2008, 28（10）: 2584~2586.

［36］ 王坤赤, 郑月节, 徐晨, 等. 一种改进的无线传感器网络最小跳数路由协议 ［J］. 传感器与微系统, 2012, 31（8）: 52~56.

［37］ 段文芳, 齐建东, 赵燕东, 等. 无线传感器网络最小跳数路由算法的研究 ［J］. 计算机工程与应用, 2010, 4（22）: 88~90.

［38］ Al-Karaki J N, Kamal A E. Routing techniques in Wireless Sensor Networks: A Survey ［J］. IEEE Wireless Communications, 2004, 11（6）: 6~28.

［39］ 李晶, 史杏荣. 无线传感器网络中改进的 HeeD 路由协议 ［J］. 计算机工程与应用, 2007, 43（25）: 165~167.

［40］ Heinzelman W, Chandrakasan A, Balakrishnan H. An application-specific protocol architecture for wireless microsensor networks ［J］. IEEE Transactions on Wireless Communications, 2002, 1（4）: 660~670.

［41］ 孙利民, 李建中, 陈渝, 等. 无线传感器网络 ［M］. 北京: 清华大学出版社, 2005.

［42］ 姜波, 张荣福. 基于节能的无线传感器网络路由协议研究 ［J］. 现代电子技术, 2009: 1: 26~29.

［43］ 王选政, 李腊元, 张伟华, 等. 无线传感器网络路由协议的研究 ［J］. 计算机应用研究, 2009, 26（4）: 1453~1455.

［44］ Hwa Young Lim, Sung Soo Kim, Hyun Jun Yeo, et al. Maximum Energy Routing Protocol based on Strong Head in Wireless Sensor Networks ［C］// 6th International Conference on Advanced Language Processing and Web Information Technology, ALPIT, 2007: 414~418.

5 无线传感器网络的应用

无线传感器网络（Wireless Sensor Network，WSN）是由大量的静止或移动的传感器以自组织和多跳的方式构成的无线网络，以协作地感知、采集、处理和传输网络覆盖地理区域内被感知对象的信息，并最终把这些信息发送给网络的所有者。"物联网技术"的核心和基础仍然是"互联网技术"，是在互联网技术基础上的延伸和扩展的一种网络技术；其用户端延伸和扩展到了任何物品和物品之间，进行信息交换和通信。因此，物联网技术的定义是：通过射频识别（RFID）、红外感应器、全球定位系统、激光扫描器等信息传感设备，按约定的协议，将任何物品与互联网相连接，进行信息交换和通信，以实现智能化识别、定位、追踪、监控和管理的一种网络技术叫做物联网技术。

从物联网和无线传感器网络的定义，可以了解到两者之间既存在明显的区别，也具有密不可分的联系。

应用是无线传感器网络存在的理由。发展无线传感器网络技术就是要使信息技术与各个行业、多门学科更进一步地紧密结合、相互渗透、深度融合，达到促进生产力发展、提高人们的生活质量、改善生态环境、支持经济与社会可持续发展的目的。时至今日，无线传感器网络应用已覆盖日常生活与工业生产的各个领域，且正以飞快的速度延伸到更宽更深领域。

本章在讨论无线传感器网络应用技术的基础上，系统地讨论了无线传感器网络在工业生产、农业、林业、水利、环境保护、智能家居、交通运输、公交系统、现代物流、数字健康、食品安全、智能玩具、智能建筑、防灾救灾等领域的应用问题。

5.1 数字农业

5.1.1 数字农业涵盖的基本内容

5.1.1.1 数字农业的基本概念

在讨论"数字农业"问题时，我们经常会涉及"农业信息化"与"精准农业"的概念，并说明这三个概念之间的关系，这对于理解无线传感器网络在农业领域中的应用是非常有益的。

（1）农业信息化的核心是数字农业。农业生产应包括种植业、以畜产品生产为中心的养殖业，以及水产业、林业、农畜产品加工业等，农业要素包括农业生物要素、农业环境要素、农业技术要素和农业社会经济要素。与农业生产相关的部门应包括农业行政主管部门、农业科研教育部门、农产品的流通领域和服务行业等。农业生产过程包括影响农业生产的各种因素（环境的和社会的）以及农产品的生产过程。农业信息化是将信息技术与农业生产技术相结合，用先进的信息技术与装备，改造传统的种植业、畜牧业、水产业与草业的过程。农业信息化是基于信息化条件下的一种新型农业模式，而数字农业（Digital Agriculture）是农业信息化的核心与具体体现。

（2）数字农业建设目标是实现农业生产管理的数字化、网络化与智能化。数字农业的建设包括农业生产要素（生物、环境、技术与社会经济）信息的数字化，以及农业生产过程（农业生产、生产计划管理、农产品储运、物流与资金流流通）信息的数字化。充分运用数字地球技术为核心的信息技术，建成集数据采集、数字传输、数据分析处理、数控农业机械为一体的新型农业生产管理体系。通过在农业生产计划规划与管理、农业生产、农产品储运、农业生态与环境保护、农业技术推广与服务的全过程中实现数字化、网络化、智能化，用信息流加速农业活动中的物流和资金流的流通，提高农业生产的效率、发展速度和可持续发展能力，使信息技术成为提升农业生产力的重要因素。农业生产过程的数字化指建立农业数学模型，将各种农业生产过程的内在规律与外在关系用数学模型表达出来。实现数字农业必须实现上述所有内容的数字化。

（3）数字农业的核心是精准农业。20世纪农业和农村经济与社会的发展也带来了农业用地减少、农田水土流失、土壤生产力下降、农产品与地下水污染以及生态环境恶化等问题。生态农业、绿色农业、精准农业等先进的农业技术也就是在这样的背景下产生的。精准农业是一种由信息、遥感技术与生物技术支持的定时、定量实施耕作与管理的生产经营模式，它是现代信息技术与农业技术紧密结合的产物，是21世纪农业发展的重要方向。因此，我们可以认为：数字农业的核心是精准农业。

精准农业有如下三个主要的特征：

第一，从技术的角度，精准农业是将信息技术应用于获取农业高产、优质与高效生产的现代生产技术体系。精准农业改变了传统农业粗放型、经验型生产方式，它根据农田土壤与环境状况信息来确定对农作物生产过程的管理。

第二，精准农业不过分强调高产，而是更侧重于效益。它强调的是如何因地制宜地调动土壤生产力，以最小的投入，获取同等或更高的收益，同时重视改善环境，高效地利用各种农业资源。

第三，精准农业一般是由农田 GIS 系统、农田 GPS 系统、农田信息采集系统、农业专家系统、智能农机具、环境监测系统组成。农田信息采集与智能农机具有控制采用无线传感器网络技术。通过无线传感器实时获取土壤水分、组成、肥力、温度、病虫害等基础信息，为实现根据土壤水分与植物生长状态的分布式远程精准灌溉，根据植物生长需求的变量施肥提供准确的依据。

5.1.1.2 推进数字农业的意义

数字农业是 21 世纪我国改造传统农业、发展现代农业的必由之路。推进数字农业的意义主要表现在以下几个方面：

（1）推进数字农业有利于提升农业在整个国民经济中的地位。我国农业人口所占比例较大，人们的衣食住行对农业的依赖程度高。农业生产面积大，地域差异大，受自然条件影响明显。传统农业生产停留在经验生产阶段，生产效率低，对资源浪费大，整体生产水平偏弱。随着我国现代化进程的发展，政府通过加大对数字农业建设的投入，提高农业生产现代化水平和生产力，提升农业在整个国民经济中的地位。

（2）推进数字农业有利于提升农业可持续发展能力。随着经济的快速发展，我国人口、资源与环境的矛盾日渐突出。通过推进数字农业，实现农业生产自动化，最大限度地节约资源，减少农业对环境的污染，保持生态平衡，促进绿色农业的发展，提升农业可持续发展能力。

（3）推进数字农业有利于调整农业产业结构。我国传统农业生产技术落后，生产率和资源利用能力低，产业结构不合理，不能够适应我国经济发展整体水平的要求。推进数字农业有利于改变传统的农业生产方式，实行农业生产的精细化、高效化与自动化，调整农业产业结构，提高农业生产力，推动新农村建设步伐，加速农业现代化的进程。

（4）推进数字农业有利于缩小我国农业与世界农业差距。我国加入了 WTO 之后，国内的农业发展在一定程度上受到世界农业的影响与制约。通过用先进的信息技术改造传统农业的生产方式、管理方式与农业技术，以提高我国农业生产力与农产品的质量，增强国际竞争力，缩小我国农业与世界农业的差距。

5.1.2 数字农业技术

建设数字农业的相关技术主要包括遥感遥测技术、地理信息系统技术、农业数据管理技术、虚拟现实技术与计算机网络技术。利用遥感遥测与地理信息系统技术，结合人工智能和信息可视化技术，通过软件开发和硬件集成，建立可运行的、分布式和开放网络的数字农业信息系统与空间数字农业平台。

遥感遥测技术可以提供大量的田间时空变化信息，是数字农业系统获取大面积农业生产数据的重要来源。由于目前遥感遥测数据能够达到农业所需要的空间分辨率，因此广泛应用于作物生产的精细管理，如大面积的作物产量预测、农业资源、农业污染、农业灾害等的监测，以及农情宏观预报与评估。地理信息系统是作为存储、分析、处理和表达地理信息属性数据的计算机平台，可以用于建立农田土地管理、土壤数据、自然条件、作物苗情、病虫草害发生发展趋势、作物产量的空间分布等空间信息的地理统计处理、图形转换与表达等，为分析差异和实施调控提供处理依据。数字农业建设包括建立专门应用于农业的计算机数据库与软件系统，涉及农业数据库系统、农业多媒体技术系统、农业决策系统的建立。农业数据库系统数据库又包括农业生物数据库、农业环境资源数据库和农业经济数据库等；农业计算机辅助决策系统是指用各种专门软件帮助对农业中的各种问题进行决策的系统，包括农业规划系统、农业专家系统、农业模拟决策系统、农业模拟优化决策系统等。

5.1.3　数字农业技术研究的主要内容

目前，我国数字农业技术研究的主要内容包括以下几个方面。

5.1.3.1　农业遥感科学数据提取算法与系统验证技术的研究

（1）以定量遥感技术为基础，结合遥感物理学、农学、生态学的理论，探索标准化的高级农业遥感科学数据产品的算法，研究系统验证方法，为数字农业提供标准化经过系统验证的数据信息。

（2）研究农田水分和温度的遥感分析方法及其参数估计，开展农田水热时空动态数值模拟，建立全国农田水热时空动态数据库。

（3）研究作物面积遥感监测、作物长势遥感监测、土壤墒情遥感监测、作物单产遥感预测方法、模型与技术。

5.1.3.2　农业自然灾害、病虫害与农业环境污染遥感监测的研究

（1）研究农业自然灾害尤其是农业旱情形成机理，建立农业灾害遥感监测技术方法和系统集成，开展全国农业灾情监测评估。

（2）分析农业环境要素尤其是水热时空变化对农业病虫害发生与发展的作用，建立农业病虫害遥感监测方法和预警系统，开展全国主要农作物病虫害遥感监测评估。

（3）研究农业污染物在农田土壤、地下水和地表水体之间的运移和富集作用机制，建立农药化肥环境影响评价模型，开展农业污染遥感监测与 GIS 空间模拟，建立农业污染空间地理信息管理系统。

（4）研究草原面积、草原植被长势、草原旱情、草原产草量、草畜平衡与草原灾害（旱灾、火灾与雪灾）监测、预报方法、模型与技术。

5.1.3.3 农业生态系统对全球变化响应的研究

运用遥感、GIS 技术深入研究农业环境和农业生态系统的发展演变规律，研究农业碳氮循环和温室气体排放机理，建立农业物质循环的生物地球化学模型，开展农田物质循环和温室气体排放时空动态模拟，揭示区域农业生态系统与全球变化的相互作用机制，分析农业生态系统与全球变化的相互作用机制，为国家粮食安全和农业可持续发展提供决策支持。

5.1.3.4 设施农业的研究

按照动植物的生长发育所需要的环境条件，运用农业生物环境技术，创造适宜于生物生命活动和繁衍后代的保护性环境空间，在这种环境工程设施内组织的农业生产方式称为设施农业。设施农业分为两大行业：农作物种植设施与畜、禽、水产设施养殖。农作物种植设施主要用于高附加值的蔬菜、花卉、果树种植，所以也称作设施园艺。设施种植的研究主要集中在温室管理的数字化与智能化，温室节能与新能源应用研究，温室环境友好与资源高效利用，植物工厂技术的研究。畜、禽、水产设施养殖涉及 RFID 技术、无线传感器网络在动物个体识别的应用，畜、禽（奶牛、肉羊、猪与肉鸡）精准养殖基础数据的获取，从养殖、屠宰、包装、运输到销售的动物质量安全数据的可追溯技术。

5.1.3.5 农产品物流、质量管理研究

利用 RFID 技术，构建能够跟踪我国农产品物流控制与管理，农产品质量可追溯的平台，以提高我国农产品的安全性及国际竞争力。

5.1.3.6 农业空间信息平台、农业空间数据融合与空间数字农业技术标准规范研究

（1）探索建立农业空间信息系统模型框架，应用网络技术、数据库技术、地球信息技术等先进技术，建立农业空间信息平台。

（2）针对农业空间信息的空间属性强、分散、多源异构等特有属性，以属性数据空间拓展、多源数据融合等关键技术为突破点，着重解决数字农业空间信息资源的瓶颈。

（3）根据数字农业空间信息资源的特点、数字农业应用技术环节与发展需求，探索建立我国空间数字农业技术标准与规范。

5.1.4 无线传感器网络在农业中的应用

5.1.4.1 无线传感器网络与农业生产

由于无线传感器网络为农业领域的信息采集提供了新的技术手段与思路，弥

补了传统检测手段的不足，因此引起了农业科技工作者的兴趣，成为当前国际农业科技领域的一个研究热点。

电子技术的发展，极大地丰富了现代传感器的种类，提高了传感器的性能。现代传感器技术可以准确、实时地监测各种与农业生产相关的信息，如空气温湿度、风向风速、光照强度、CO_2浓度等地面信息；土壤温度和湿度、墒情等土壤信息；pH、离子浓度等土壤营养信息；动物疾病、植物病虫害等有害物信息；植物生理生态数据、动物健康监控等动植物生长信息；这些信息的获取对于指导农业生产至关重要。由于农业生产覆盖的范围大，使用传统传感器时需要将分布在不同位置的传感器通过线路连接起来。

5.1.4.2 无线传感器网络在现代农业领域中的应用

(1) 在大规模温室等农业设施中的应用。世界各国都在研究无线传感器网络在现代农业领域中应用的问题，其中有的研究课题针对植物生理生态监测，包括空气温湿度、土壤温度、叶片温度、茎流速率、茎粗微变化、果实生长等方面。我国科学家已经开展了在线叶温传感器、植物茎干传感器、植物微量生长传感器等专用传感器以及在线植物生理生态系统项目的研究。

目前，无线传感器网络在大规模温室等农业设施中的应用已经取得了很好的进展。以荷兰为代表的欧美国家的农业设施规模大、自动化程度高，主要用于在花卉与蔬菜温室的温度、光照、灌溉、空气、施肥的监控中，形成了从种子选择、育种控制、栽培管理到采收包装的全过程自动化。以西红柿、黄瓜种植为例，无土、长季节栽培的西红柿、黄瓜采收期可以达到 9~10 个月，黄瓜平均每一株采收 80 条，西红柿平均每一株采收 35 穗果，平均产量为 $60kg/m^2$，创造了当今世界最高产量与效益，而我国一般产量为 $6~10kg/m^2$。

如何在现代农业设施的设计与制造、农业生产过程的监控与环境保护中应用无线传感器网络，提高生产效率与产品竞争力，已经成为世界各国农业科学研究的一个热点课题。例如，以色列一家公司设计了一种星形结构的无线传感器网络，用于气象信息、土壤信息的作物监控系统。美国加州 Grape Networks 公司为加州中央谷地区设置了一个大型的农业无线传感器网络系统。这个系统覆盖了50 英亩的葡萄园，配置了 200 多个传感器，用以监控葡萄生长过程中的温度、湿度、光照数据，发现葡萄园气候的微小变化，而这些变化可能成为影响今后酿造的葡萄酒的质量。葡萄园的管理者可以通过常年的观测记录与生产的葡萄酒品质的分析、比较，寻找葡萄种植环境因素与葡萄酒质量直接的准确关系，实现精准农业技术的要求。这家公司的负责人对这个项目有一个评论——互联网在 20 年内发生了改变，但是仍局限在虚拟世界，而这个项目是将有限的网络世界连接到真实世界，将互联网的应用带入了一个全新的领域。他的这番评论也是对无线传感器网络实质最好的诠释。

（2）在节水灌溉中的应用。水是农业的命脉，也是国民经济与人类社会的生命线。农业是我国用水大户，约占全国用水量的73%，但是水利用效率低，水资源浪费严重。渠灌区水利用率只有40%，井灌区水利用率也只有60%。一些发达国家水利用率可以达到80%，每一立方米水生产粮食大体上可以达到2kg以上，而以色列已经达到2.32kg。由此可以说明，我国农业节水问题是农业现代化需要解决的一个重大的任务。

农业节水灌溉的研究具有重大的意义，而无线传感器网络可以在农业节水灌溉中发挥很大的作用。覆盖灌溉区不同位置的传感器将土壤湿度、作物的水分蒸发量与降水量等参数通过无线传感器网络传送到控制中心。控制中心分析实时采集的参数之后，控制不同区域的无线电磁阀，达到精密、自动、合理节水的目的，实现农业与生态节水技术的定量化、规范化，以促进节水农业的快速发展。

（3）在水产养殖中的应用。无线传感器网络在水产养殖中应用的典型范例是韩国济州岛的 U-Fishfarm 示范渔场项目。济州岛 U-Fishfarm 示范渔场位于济州岛的西边，养殖规模为年1100吨，主要外销日本。U-Fishfarm 示范渔场项目主要包括两个方面的内容：渔场饲料管理与渔场饲养环境监控。

渔场有50个左右的鱼池，分别饲养了不同年龄的比目鱼，针对不同年龄的鱼需要喂食不同配方的饲料。为了杜绝经常因人为因素造成投错饲料的现象，该项目采用 RFID 作为鱼池与饲料标识。RFID 记录了鱼池的编号、鱼龄、饲料信息。只有工作人员从冷库中取出的饲料与 RFID 记录的数据一致时，才可以投放。如果工作人员投放饲料错误时，系统就会报警。渔场饲养环境监控系统通过分布在50多个鱼池的传感器，获取与比目鱼生长相关的温度、水位、水中氧气含量、日照等参数，来控制整个鱼池的状况，提高养殖效率，避免鱼病的发生，保证水产品质量与市场竞争力。

5.2 数字林业

5.2.1 数字林业发展的重要性

加强生态环境建设，维护生态安全，是21世纪需要人类共同去解决的一个重大问题。改善地球生态环境就必须完成"三个系统与一个多样性"的建设任务，这三个系统的建设任务是建设和保护森林生态系统，治理和改善荒漠生态系统，保护和恢复湿地生态系统；一个多样性的任务是维护生物多样性。林业是生态环境建设的主体。

人类要治理水土流失、促进降雨、净化空气、维护粮食与水资源安全、减轻洪涝灾害，要应对气候变化、防沙治沙、提供可再生能源、保护生物多样性，林业将发挥不可替代的作用。温家宝在2009年6月22日中央林业工作会议上指出："林业在贯彻可持续发展战略中具有重要地位，在生态建设中具有首要地位，在西部大开发中具有基础地位，在应对气候变化中具有特殊地位……"。发展现代林业必须推进林业信息化，而林业信息化的核心是数字林业。数字林业是林业生态建设的重要基础，它的技术支持，为我国林业建设提供科学的决策依据。

5.2.2　数字林业研究的主要内容与发展定位

5.2.2.1　我国数字林业的技术基础

林业是我国最早应用遥感技术的行业之一。早在 20 世纪 50 年代卫星遥感还未出现之前，林业、测绘与地质等野外作业部门就开展了航空摄影调查工作。1954 年我国组建了"森林航空测量调查大队"，首次建立了森林航空摄影、森林航空调查与地面森林资源调查相结合的森林调查体系。1977 年利用遥感卫星首次对西藏地区的森林资源进行了普查，填补了西藏森林资源信息的空缺，也是我国第一次利用卫星遥感开展森林资源探察。从第七个五年计划开始，我国在每个五年计划的建设内容中都安排了卫星遥感在林业中应用的项目，使得我国林业现代化取得了较大的发展。由于我国政府高度重视卫星遥感技术在林业中的应用，林业一直是我国卫星遥感应用中一个重要和活跃的领域。我国林业卫星遥感应用发展的趋势是：

（1）我国林业卫星遥感应用从小规模试验逐渐进入大规模应用。20 世纪 90 年代中后期以来，每一年的遥感数据都能够覆盖国土面积的 50% 以上；同时利用低分辨率的遥感对全国范围的林业资源进行了实时监控。

（2）我国林业卫星遥感应用逐步从单纯的森林监控发展到荒漠化、湿地、野生动植物、植被等与林业相关的领域。

（3）我国林业卫星遥感应用从简单的个别调查逐渐发展到遥感体系的建设，形成应对重大自然灾害的预警监控与应对处置、林业执法监控、荒漠化状态实时监控与分析的能力，为国家宏观决策提供科学依据。

虽然我国林业遥感应用起步较早，但是近年来却发展缓慢。随着全球气候变暖问题日趋严重与低碳经济发展的要求，给数字林业建设提出了新的要求和任务。

5.2.2.2　我国数字林业的发展定位

我国数字林业的发展定位是：

（1）加强林业监测，满足现代林业生态建设的需要。

（2）提高林业应急监测能力，适应对重大自然灾害与热点问题的预警和应急处置要求。

（3）提高林木采伐与林地占用监测水平，适应强化林业执法监督力度的要求。

(4) 整合行业遥感信息资源，适应林业基础信息集中处理与共享的需要。

5.2.3 我国数字林业建设的主要任务

我国数字林业建设的主要任务有以下几点。

5.2.3.1 国家森林资源基础信息平台建设

森林资源基础信息平台是以我国林业局主干网与各地林业专网、电子政务专网为基础运行环境，以森林资源数据库建设为核心，以系统应用和保障体系建设为重点，形成覆盖国家、省（自治区）、市、县各级林业部门的林业信息基础设施，为各级林业部门林业资源信息共享提供服务，推进数字林业建设，以适应我国社会与经济建设的需要。

5.2.3.2 完善森林资源及与林业相关信息的全系列对地观测体系

现代的卫星遥感可以产生高、中、低不同分辨率的数据资源，形成了互补的全系列对地观测体系。目前我国应用中分辨率（20~30m）的卫星遥感数据，而缺乏高、低分辨率的数据资源，不能够将各种类型的数据资源衔接起来开展综合研究。我国利用遥感技术对森林资源、荒漠化、湿地调查间隔的时间一般为5年。间隔时间较长使得调查信息的时效性不强，不能够满足国民经济建设的需求。1999年我国发射的资源1号卫星开辟了林业遥感应用的新篇章。数字林业建设必须要充分利用空间遥感遥测与GIS、GPS技术，形成全系列的对地观测体系，有效地衔接不同尺度的遥感数据，实时监测我国森林资源、荒漠化与沙化土地资源、湿地资源与林业灾害。

5.2.3.3 加强对遥感数据分析方法、理论模型与核心算法的研究

随着我国对生态建设的重视，国家启动了天然林资源保护、退耕还林工程等6大生态建设与造林工程，2004年又启动了"国家林业生态工程重点区遥感监测评估项目"。为了充分利用数字林业建设中空间遥感遥测与GIS、GPS技术应用所提供的数据资源，需要研究适合我国实际情况的森林对生态环境影响的评价理论、模型和算法。

5.2.3.4 完善数字林业标准化建设

数字林业建设涉及森林资源、荒漠化与沙化土地监测、野生动植物调查、湿地资源调查、林业重点工程评估、森林资源执法检查，以及森林火灾与自然灾害的监测由传统的人工方法向利用空间对地监测方法转换，为了科学、规范地推进

数字林业的建设，必须要认真研究国内外成功的经验，不断完善适应我国林业信息化要求的总体标准、信息资源标准、应用标准、基础设施标准与管理标准的建设。

5.2.3.5　数字林业复合型人才培养

数字林业是信息技术与林业技术高度发展、密切结合的产物，掌握数字林业的人才必须既懂得林业科学知识，又具备能力将 RS、GIS、GPS 技术和计算机、网络与数据处理技术合理利用到林业的复合型人才。要保证数字林业的快速、健康发展，必须重视掌握多学科知识、跨领域的复合型人才的培养。

5.2.4　无线传感器网络在林业中的应用

森林火灾的危害十分严重，不仅会造成森林与周边人员的财产损失，而且会破坏生态环境，导致森林小气候的变化。按照世界粮农组织对世界 47 个国家的调查结果表明：从 1881 年至 1990 年，年平均火烧面积为 6.73×10^6 平方千米，占世界森林面积的 0.47%。我国自 1950 年至 1997 年，共发生森林火灾 1.43×10^4 起，火烧面积为 8.22×10^6 平方千米，已经造成了严重的经济损失，对生态造成了很大的危害。

在森林火灾监测中通常需要对森林里各个地点的风速、温度、湿度等参数进行检测，发生火灾时还需要精确地确定火灾地点。由于森林一般覆盖面积较大，环境恶劣，多是无人值守区域，需要大量的结点协同工作才能够完成监测任务，因此无线传感器网在森林火灾与生态环境监控中有广泛的应用前景。

无线传感器网络结点体积小、价格低，可以在整个森林大面积、多结点设置。每个传感器结点能够准确、及时地将采集的环境数据汇总到基站。如果出现个别结点遭到破坏，网络具有自动重新组网能力。当发生森林火灾时，无线传感器网络可以将准确的起火位置与环境状态信息传送给消防指挥中心。消防指挥中心可以有效地调度和指挥消防工作，达到减轻森林火灾带来的灾害程度，将人员和物资损失降低至最小的目的。

中国科学家已经在这方面开展了非常有价值的研究工作。由浙江林学院联合香港科技大学、西安交通大学、美国伊利诺伊理工大学等单位共同建设的野外无线传感器网络在天目山建成，并成功运行。该无线传感器网络拥有 200 多个节点，可以全天候地智能监测森林生态中的温度、光照、湿度、二氧化碳含量等数据，并及时预报火警情况。根据规划最终将建成上千节点规模的网络，有望能够成为世界上野外规模最大的无线传感器网络。如果采用传统的人工方法，要每隔几天甚至每隔几小时获得精确的数据，科研人员不得不花费大量的人力和物力定时监测。大范围、高密度的检测所需的成本十分高，同时野外监测还常常有可能给科研人员带来很大的危险。对于无线传感器网络长时间、大规模、连续实时的森林生态监测，传感器收集温度等各类数据为多种应用提供支持，从而实现研究人员在总控制室就可以监控整片森林。对于传感器网络收集的大量数据，可以通过数据挖掘的方法，帮助林业科研人员开展环境变化对植物生长的影响的研究。

5.3 数字水利

5.3.1 数字水利的定义与内涵

5.3.1.1 数字水利的重要性

水既是经济社会发展必不可少的自然资源，又是生态环境生息繁衍不可或缺的环境要素，同时还是可能危及人类生命财产与社会安定的致灾要素。水资源已经成为全球关注的焦点。我国社会经济进入了快速发展阶段，但是我们同时也面临着水资源短缺、水灾频发、水环境恶化、水土流失加剧的威胁。水利是我国的重要基础设施，也是我们全面建设小康社会、保障人民健康、保障粮食安全、保障生态安全，支撑我国经济社会可持续发展的重大战略问题。我们把利用以信息技术为核心的一系列高新技术对水利行业进行全面技术升级和改造的过程称为数字水利。

5.3.1.2 理解数字水利内涵需要注意的几个问题

（1）水利行业是一个信息密集型行业。水利部门要向国家和相关行业提供大量的水利信息，如汛情旱情信息、水量水质信息、水环境信息和水工程信息等；同时水利部门本身也离不开相关行业的信息支持，如气象信息、地理地质信息、社会经济信息等。

（2）信息技术加速水利行业全面的技术创新。信息技术的广泛应用对水利信息的采集、处理、共享的方式产生了很大的影响，水利政务、防汛减灾、水资源监控调度、水环境综合治理、大型水利工程的设计和施工、大中型灌区的综合管理等都迫切需要采用计算机技术、通信技术、智能技术、计算机辅助设计技术，以及3S（RS、GIS、GPS）等一系列高新技术。

（3）数字水利以空间信息技术为基础。数字水利融合各种水文模型和水利业务的专业化系统平台，是对真实水文水利过程的数字化重现。数字水利是由各种信息的数据采集、传输、存储、模拟、处理和决策等子系统构成的复杂大系统。

（4）数字水利应用的内容十分广泛。数字水利的应用不仅仅局限在防洪抗旱，它还能够为流域内水量调度、水土流失监测、水质评价等提供决策支持服务；能够为水利工程运行、水利电子政务和水利勘测规划设计等提供信息服务；

能够为人口、资源、生态环境和社会经济的可持续发展提供决策支持；能够为人居环境、社区规划、社会生活等方面提供全面的信息服务，提高人们的生活质量。

（5）数字水利是水利信息化的具体体现。数字水利包括：数字水文、数字水资源、数字防洪、数字水环境、数字水库调度、数字灌区管理、数字城市水务管理、数字水保持等内容。

（6）数字水利的首要任务是在全国水利业务中广泛应用现代信息技术。数字水利的首要任务是在全国水利业务中广泛应用现代信息技术，建立水利信息基础设施，解决水利信息资源的不足与有限资源共享困难等突出的问题，以提高防汛抗旱、水资源优化配置、水利工程规划建设、水土保持、农业水利和水利政务等工作中信息技术应用的整体水平，促进水利现代化。

（7）数字水利的特点是交叉、集成、创新。交叉主要是指知识的交叉、专业的交叉、技术的交叉。数字水利不仅需要自然科学方面的知识，而且更需要社会科学方面的知识；不仅需要水利专业的技术，而且需要其他相关行业的信息技术。数字水利致力于采用一系列的高新技术手段将水利放在社会、经济和自然综合环境中进行整体研究开发，实现跨领域、跨学科、跨专业的联合攻关。数字水利这一特点对人才提出了更高的要求，将对现行的水利人才培养体制和学科设置提出严峻挑战。集成就是对与水利有关的各类知识和技术进行全面整合，是综合集成各类高新技术，以建设先进高效的水利业务系统。创新意味着没有现成的技术模式可以照搬，将各种高新技术全面引入水利行业需要具有全新的思维。

5.3.1.3　数字水利与中国水利现代化

数字水利以新的治水思路为指导，紧密跟踪当前科技的新技术和发展趋势，从水利信息流入手，将无线传感器网络为核心的信息技术全面引入水利行业，对于实现中国水利现代化提供了可操作的具体内容。科学的现代水利观念、高效合理的管理体制、先进合理的业务流程和技术手段、高素质的专业人才队伍、全面的资源整合，才能解决好我国水利问题。数字水利直接服务于水利现代化，将大大推进我国水利现代化进程，是我国水利现代化必由之路。随着时间的推移，数字水利的内涵将不断丰富与发展，我国水利现代化水平也将不断提高。

5.3.2　数字水利发展的基础

5.3.2.1　我国水利信息化建设的发展

我国政府高度重视水利信息化建设工作，经过 20 多年的建设已经取得了显著的成果，为进一步开展数字水利建设打下了良好的基础。这些成果主要表现在以下几个方面。

（1）水利数据采集网络初步形成。全国省级以上水利部门已建成各类数据采集点 2.7 万个，其中自动采集的占 47.5%。水利信息广域网不断扩展，基本建成包括一个卫星地面站与 500 多个卫星终端小站的全国防汛卫星通信网。

（2）国家防汛抗旱指挥系统一期工程进入收尾阶段，建成了水情分中心、工情分中心 119 个，形成覆盖七大流域的网络与远程会商视频会议系统；基本完成信息采集、决策支持系统的建设任务，显著地提高了防汛抗旱实时监控、预警预报与科学决策能力。

（3）完成了全国水土保持监测网络与信息系统的一期工程，建成 2 个流域监测中心站、13 个省级监测总站和 100 个分站，开发了全国水土保持空间数据发布系统，有力地支持了水土保持科研、规划、监测评估、监督执法与治理恢复工作。

（4）在全国 18 个省级行政区、24 个城市开展了水资源实时监控与管理信息系统建设的试点，建成水资源监控调度中心 10 处，中心站、各类监测点 337 处，开发了相关的业务应用系统，有力地提升了我国水资源调度与配置能力。结合全国大型灌区续建配套与节水改造工程，在 29 个灌区开展了信息化建设的试点。

（5）重视空间信息资源与其他类型信息资源的同步建设、共享与利用，开展水利信息标准化的建设。遥感技术已广泛用于灾害性天气预报、水旱灾监测；用 GIS、GPS 技术实现在大江、大河、湖泊与库区的地形、地貌、泄洪区空间数据的获取、仓储、处理；省级以上水利部门的在线运行的数据库 469 个，数据量达到 14457GB，数据覆盖水利业务的各个领域；可视化技术正在应用于流域、水利对象的跟踪、模拟、展示与管理中；各种数学模型、仿真工具与分析软件应用于水利规划、建设与预测之中。

（6）按照水利部机关与七个流域管理机构的模式集成了电子政务综合应用平台，开展了综合办公、规划计划管理等电子政务服务，促进了行政职能、办公方式与服务手段的转变。

5.3.2.2 我国数字水利应用示范工程

近年来，我国水利信息化建设采取了"统一规划，各负其责，平台公用，资源共享，急用先建，务求实效"的原则，以重点工程为示范，稳步推进的做法。先后开展了以下几个项目的建设：

（1）城市水资源实时监控与管理系统建设。该建设的目标是：完善以城市水资源、供水、取用水、排水与水环境监测设施为基础，以网络通信技术为保障，以决策支持系统为核心，逐步实现信息采集自动化、传输网络化、管理数字化、决策科学化，为全面建设节水型社会、保障城市水安全、实现多水源联合调度与计量管理。

（2）全国水土保持监测网络和信息系统。建设以水利部水土保持监测中心、流域机构监测中心、省监测总站及监测分站四级结构的全国水土保持监测网络，以地面观测为基础，以 3S 技术与互联网技术为手段，以抽样调查为补充，实现提高全国水土保持监测与管理、信息共享水平。

（3）黄河水资源统一管理与调度系统。该项目的建设基本形成对黄河水雨情信息、引水信息、水质信息、旱情信息的综合分析、监控能力，以满足黄河水量统一调度的要求，保证黄河水量调度管理系统的正常运行。

（4）松花江洪水管理系统。该项目的建设实现对雨情、水情、工情与灾情的及时、准确地采集、传输，利用防洪地理信息系统、水情数据库、洪水模拟与预报系统，提供可视化的防洪方案的决策支持意见，使决策者能够有效地利用历史经验和专家知识，选择合适的防洪救灾方案，尽可能减少洪灾损失。

（5）贵州水土保持监测与管理信息系统。该项目充分应用 3S、互联网、数据仓库、计算机仿真技术，以常规监测点地面观测为基础，建设水土保持专业数据库与水土保持业务应用平台，实现贵州省水土流失动态状况与防治效果的动态监控，从而全面提高贵州省水土保持监测、规划、科研、示范区建设、预防监测、动态治理的水平，为水土保持的监督执法提供依据，为贵州省的可持续发展提供支持。

（6）防汛会商平台。为提高全国防汛指挥水平，我国防汛会商平台覆盖长江、黄河、海河、淮河、珠江、辽河与太湖七大流域，以及相关各省市的防汛会商的平台。平台汇集了遥感图像与矢量地图等空间信息、气象水雨情信息、防洪工程信息、社会经济信息，采用数据挖掘、虚拟现实工具，提供会商资料准备、会商会议支持与会商管理的功能，实现了防洪会商的高交互性、高可用性与高响应速度，为防洪会商决策提供了科学依据和支持。

5.3.3 数字水利发展目标与思路

5.3.3.1 数字水利总目标

广泛开发水利信息资源，基本建成水利信息网、水利数据中心与安全保障体系，全方位构建水利信息基础设施；健全信息化建设管理体系，统一标准规范，加强人才培养，营造水利数字化保障环境；基本完成重点工程建设，部署相关业务应用，基本形成水利数字化综合体系，有效地解决水利信息资源不足和共享困难的问题，提供满足基本业务需要的信息服务，提高水行政管理效率，在七大流域机构与经济发达地区基本实现水利数字化。深入开发和利用水利信息资源，完善水利信息基础设施，持续改善水利数字化保障环节，全面推进重点业务应用，提高信息资源利用水平，提供全面、快捷、准确的信息服务，增加决策支持能力，基本实现水利数字化，为实现水利现代化奠定基础。

5.3.3.2 数字水利发展思路

（1）充分利用传感器、视频监控探头以及各种测试仪器，利用互联网与无线传感器网络、无线网络，建立覆盖全流域的水利信息网络。

（2）完善数字化管理体系，制定水利信息化相关的管理条例、法规、标准、规范与安全保障体系。

（3）建设与健全覆盖全流域的空间信息数据库、社会经济信息数据库、生态信息数据库、水文数据库、土地利用数据库、水质监测与评价数据库、水土保持数据库、水利建设规划数据库，以及信息共享平台。

（4）建设相应的智能信息处理与决策支持系统，如流域信息公众服务系统、流域防汛抗旱指挥系统、流域水资源管理决策支持系统等，提高流域各类资源的资源可视化水平，以及预测、预报模型与算法，开发各种应用软件与工具软件，提高决策支持能力。

（5）培养一大批能够适应数字水利需要的复合型人才。

5.3.4 数字水利建设的主要内容

5.3.4.1 防汛指挥调度

洪水灾害是发生在流域地表面上的自然灾害。洪水灾害预测模型是一个开放的复杂非线性模型，难以通过物理实验的方法来认识与了解洪水灾害的一些本质性的规律。数字水利建设就是要综合利用遥感遥测与 GIS 技术、视频监控技术、无线传感器技术，建立覆盖全流域的水情监测网络系统，通过数据挖掘、专家系统与计算机仿真技术、数值预报技术，实现对防汛信息的自动采集、传输、处理、存储、查询和集成，做到信息传递及时、洪水预报准确、调度指挥优化、防汛管理可视，为现代防汛指挥提供强大的决策支持。

5.3.4.2 抗旱管理

相对于洪水，干旱灾害的发展过程比较缓慢，历时较长，影响范围广。数字水利建设重点要研究如何综合利用通过遥感遥测与 GIS 技术获取的旱情信息、水文信息、中长期气象信息、环境信息等多维数据，利用数据挖掘、专家系统与计算机仿真技术，提高干旱灾害形成与发展的预测预报水平，为抗旱指挥提供决策依据。

5.3.4.3 水资源调度管理

以计算机与通信网络技术为依托，以规范化、标准化的水资源综合数据库为基础，以水资源供需平衡和优化调度模型为内核，实现水资源优化配置管理。

5.3.4.4 水环境保护

综合运用遥感技术、GIS 技术对卫星图片进行解析和信息提取，建立全国各区域水土保持动态监测系统；以水质站网为依托，以污染源数据库为基础，以水量水质模拟为核心，以 GIS 系统作为查询交互平台，建立水环境动态监测管理系统。

5.3.4.5 水土流失监测与管理

以全流域遥感卫星图片、GIS 空间数据与土地利用规划数据库为基础，依据土壤侵蚀动态变化模型为依据，综合利用计算机仿真与虚拟现实技术，及时、准确地预报水土流失发展趋势，以及流域治理及规划方案，为科学决策提供依据。

5.3.4.6 水利工程建设与运行管理

使用计算机技术实现从规划、设计、施工到运行维护全过程的规范、有效的管理。水利工程建设与运行管理包括：工程管理、建设管理、专题地图管理、国际界河管理与用户管理。

5.3.5 无线传感器网络在数字水利中的应用

无线传感器网络在数字水利中的应用成功的例子有洪水监测与水库大坝安全监控。

5.3.5.1 洪水监测

美国 ALERT 系统是将无线传感器网络应用于洪水监测的范例。研究人员研究了用于监测降雨量、水位与天气等环境条件的传感器。他们将这些传感器预先放置在被观测的地域，按时或在测试数据超过预定值时，及时将数据传送到检测中心的计算机。计算机将采集到的数据进行融合、处理之后向管理人员提出洪水信息。康奈尔大学的研究人员对分布式查询算法进行了深入的研究。

5.3.5.2 大坝安全监测

水库大坝的安全涉及水库自身的水库下游城市与农村广大区域人民生命与财产安全，关乎国计民生和社会安定。因此，水库大坝安全一直是水利设施安全防范的重点。为了确保大坝的安全运行，充分发挥水利水电工程的预期效益，对大坝实施安全监测和科学管理，已成为一个迫切需要解决的重大问题。

水库大坝安全监测的对象包括坝体、坝基、坝肩，以及对大坝安全有重大影响的近坝区岸坡和与大坝有直接关系的建筑物和设备。大坝安全监测一般包括变形监测、渗漏监测、内部监测、环境量监测等。目前，对大坝安全监测主要有两种方法：

（1）光纤光栅传感器网络。传统的大坝监测系统所用设备主要是差阻式、振弦式电传感器。由于电传感器的防雷问题较难解决，同时也很难形成分布式网状监测体系，因此大坝安全专家们不断地寻求更好的监测方法，光纤光栅传感系统是一种十分适合于水电大坝监测的系统。光纤光栅传感器网络的优点主要表现在以下几个方面：

1）能够很好地解决防雷击问题。由于光纤本身不带电，因此不会引起雷击，可以节省避雷设施，节约了成本，提高了系统的安全性。

2）自动化程度高，可以与气象、水情、洪水预报及水库调度结合起来。

3）实时监测，可及时反映大坝及大坝附近重要建筑物的情况。

4）可采用双光纤布设传感器，即使出现一根光纤断开或一个传感器的损坏，不影响其他传感器和整个光纤光栅传感器网络的运行。

此外，它还具有较大的灵活性和可靠性与安全性，可以将多种类型的监测数据集成在一个传感器芯片中；系统运行可以根据需要选用中央控制方式、无人值守的自动控制方式；数据采集可以采用定点测量、定时测量、实施测量、巡回测量、人工测量等多种方式。

（2）无线传感器网络。光纤光栅传感器网络的传输网络采用的是光纤，光纤网络铺设的成本较高。如果将感知结点采用光纤光栅传感器，而在传输网中采用无线自组网技术，这样就将光纤光栅传感器网络与无线传感器网络两者的优点有机地结合在一起。这项技术已经引起了各国科研人员的重视，并开始应用于大坝安全监测中。

5.4　数字环保

环境保护是中国乃至世界范围内经久不衰的热议话题。工业发展、人口剧增、环境污染等这些问题毫无疑问地增加了环境保护的必然性。环保不是污染后的处理，是要前期预测、中间控制、后期处理综合为一体的系统工程。环保不仅能提供更加舒适的生产生活环境，也能节省资源提高生产效率。传统环保存在信息滞后、处理繁琐、方法单一等问题，在无线传感器网络蓬勃发展的今天，利用信息反馈等即时技术能从源头发现污染信息，第一时间做出信号反馈，大大提高环保效率。

5.4.1　数字环保的基本概念

20世纪以来，人类创造了前所未有的财富，加速了社会经济的发展，同时也带来人口剧增、资源消耗过度、环境污染、生态恶化等问题，这些问题已经严重影响着人类的生存与发展。环境保护问题越来越受到各国政府的高度重视。数字环保的概念就是在这样的一个大的背景下产生的。

数字环保是数字地球在环境信息化与环境管理决策中的具体应用。数字环保是利用计算机技术、互联网技术、3S 技术、虚拟现实技术、数据仓库与数据挖掘技术、智能技术、环境可视化技术，根据环境保护的要求，对环境保护业务实现规范和整合，对环境数据进行深入的分析和挖掘，从而最大限度地提高环境保护信息化水平、监督执法水平、工作协调水平。西安交通大学林宣雄认为，数字环保是以环境保护为核心，有基础应用、延伸应用、高级应用与战略应用等多个层面的环境保护管理平台集成的系统。数字环保包括环境测控跟踪系统、环境预测预报系统、污染源显示系统、污染源异动跟踪报警系统、环境状态领导速查系统、环保增值业务系统、排污收费系统、环境 GIS 系统、污染事故预警系统、环保业务工作流管理系统、环保动态仿真系统、环保决策支持系统等。

5.4.2 我国数字环保的工作基础

我国政府高度重视环境保护事业，并将环境保护作为我国的一项基本国策。目前，全国环境保护系统已经初步形成了以国控网监测站为骨干的环境地面监测网络体系。城市环境监测站按照《环境监测技术规范》进行常规的环境质量监测。各个城市按照国家环保局的要求设置环境监测点，保证了环境保护数据的空间代表性。数字环保的概念正在渗透到我国环境保护工作的各个方面。

2004 年，"山东数字环保工程"启动。2008 年 4 月，山东环保信息中心建成了省、市、县三级五大环保自动监测网络系统，对省重点监管企业、城镇污水处理厂、主要河流水质、城市空气质量、主要饮用水源地水质实现了监控。在此基础上建设了环境监控、环境事故应急指挥两大系统，环境监测中心、环境事故应急指挥中心、环境数据中心三个中心，以及局域网、政务网、卫星网、环境自动监控无线传输网的通信平台，实现了对空气、地表水、重点污染源在内的 151 套自动在线监测系统。

2009 年江苏省制定了数字环保平台的建设规划，致力于推动构建全省的环境信息管理平台。江苏数字环保将完成五大建设任务，即太湖流域水环境信息共享平台建设，国控、省控重点污染源自动监控系统建设，政府环保网站建设，全省环保电视电话会议系统建设、环保执法电子政务系统。广东省在"十一五"期间，初步建成省、市、县三级为一体的环境信息网络平台，以保证省、市、县三级环保管理机构信息的快速交互和共享，为环境管理与决策提供全面的信息支持与服务。"十一五"期间，我国的环境遥测遥感监测能力有了大幅度地提高。2008 年 9 月 6 日，我国发射了用于环境与灾害监测预报的小卫星星座"环境一号"A 星、B 星。2009 年，我国卫星环境应用中心成立，为数字环保事业的发展打下了良好的基础。

5.4.3 无线传感器网络在环境保护中的应用

目前，传统环境监测接入方式是利用局域网、电话线、短波无线信道。网络有线方式由于布线困难、费用较高，因此应用范围有限。传统的短波无线方式可以克服布线困难的缺点，但在大范围测量时部署成本较高，能耗较大，每隔较短时间便需要更换电池，在危险区域和大面积监测区域应用时极为不便。

无线传感器网络的覆盖面积大、布设方便、自组织、多种传感器灵活使用等优点，显示出无线传感器网络在环境保护领域应用的广阔前景。无线传感器网络在应用于环境参数监测的同时，也开始在其他环保领域应用，如研究环境对动植物生长的影响、研究环境变化对农作物的影响、跟踪候鸟和昆虫的迁移等。

5.4.3.1 水文监控

水污染使水环境质量恶化，饮用水源的质量普遍下降，威胁人们的身体健康。目前，各类工业与大型企业密集在城市，排入城区河段的污染物数量极大，造成流经城市的河流污染；陆地水体中，湖泊交换能力弱，污染物能长期停留，易使水质恶化和引起富营养化；地下水遭受工业废水和城市污水日益严重，而且一旦污染，不易恢复；同时，农田排水和地表径流造成的水污染也比较普遍。针对这种情况，我国也在不断加强水环境污染的监测、治理工作。应用无线传感器网络，通过对地表水水质的自动监测，可以实现水质的实时连续监测和远程监控，及时掌握主要流域重点断面水体的水质状况，预警预报重大或流域性水质污染事故，解决跨行政区域的水污染事故纠纷，监督总量控制制度落实情况。目前，无线传感器网络在我国太湖环境监控系统中已有初步应用。2009 年 11 月中旬，无锡（滨湖）国家传感信息中心和中国科学院电子学研究所达成合作协议，共建"太湖流域水环境监测"传感网信息技术应用示范工程。在太湖环境监控系统中，传感器和浮标将被布放在环太湖地区，建立定时、在线、自动、快速的水环境监测无线传感网络，形成湖水质量监测与蓝藻暴发预警、入湖河道水质监测，以及污染源监测的传感网络系统。通过安装在环太湖地区的这些监控传感器，可将太湖的水文、水质等环境状态提供给环保部门，实时监控太湖流域水质等情况，并通过互联网将监测点的数据报送至相关管理部门。

水文监测系统适用于水文部门对江、河、湖泊、水库、渠道和地下水等水参数进行实时监测。监测内容包括：水位、流量、流速、降雨（雪）、蒸发、泥沙、冰凌、墒情、水质等。系统采用无线通信方式实时传送监测数据，可以大大提高水文部门的工作效率。水文监测系统由监测中心、通信网络、前端监测设备、测量设备四部分组成。

（1）监测中心：由服务器、公网专线（或移动专线）、水文监测系统软件组成。

（2）通信网络：GPRS/短消息/北斗卫星、Internet 公网/移动专线。

（3）前端监测设备：水文监测终端。

（4）测量设备：雨量传感器、水位计、工业照相机或其他仪表变送器。

水文监测系统所具有的功能：

（1）管理功能：具有数据分级管理功能，监测点管理等功能。

（2）采集功能：采集监测点水位、降雨量等水文数据。

（3）通信功能：各级监测中心可分别与被授权管理的监测点进行通信。

（4）告警功能：水位、降雨量等数据超过警告上限时，监测点主动向上级警告。

（5）查询功能：监测系统软件可以查询各种历史记录。

（6）存储功能：前端监测设备具备大容量数据存数功能；监测中心数据库可以记录所有历史数据。

（7）分析功能：水位、降雨量等数据可以生成曲线及报表，供趋势分析。

（8）扩展功能：支持通过 OPC 接口与其他系统对接。

5.4.3.2　大气环境监测

大气环境污染衍生出温室效应、酸雨和臭氧层破坏。这种由环境污染衍生的环境效应具有滞后性，往往在污染发生的当时不易被察觉或预料到，然而一旦发生就表示环境污染已经发展到相当严重的地步。

无线传感器网络可以广泛应用于大气环境监测。我们可以在所需监测大气环境质量的区域布设大量大气环境监测无线传感器网络，构成大气环境无线监测系统。通过微型传感器可以连续、自动采集大气的温度、气压、总可吸入颗粒物、CO_2、SO_2 或其他需要监测气体含量等参数。

5.4.3.3　污水处理远程监控

中国部分企业污水处理厂分布比较分散，互相距离遥远。按照常规的运营管理模式，各厂均配套生产车间、设备维护车间、技术部、化验室以及办公后勤等机构，独自运营污水处理厂。生产管理、专业技术资源无法实现共享，公司总部对各生产厂生产信息得不到及时把控，大量的管理成本消耗在克服空间距离上。为了解决上述问题，公司提出建立污水处理厂之间的无线传感器网络系统，运用现代科技手段，使污水处理厂生产管理得到提升，提高管理效率。

建造完善的污水处理厂无线传感器网络，就要把各种设备和仪表并入互联网，进行远程监视和控制，自动生成各类生产参数、生产报表和历史曲线，记录主要设备运行现状，建立设备运行档案，在数间污水处理厂中任何一间都可以对其他污水处理厂生产实现远程控制。要实现无线传感器网络的建设，需完成以下工作：

(1) 完善各厂的自控系统；

(2) 组建光纤网络；

(3) 视频监控联网；

(4) 组建生产信息管理系统（污水处理无线传感器网络系统）。

建造完善的污水处理厂无线传感器网络具有广泛的应用效益：

(1) 建立了污水处理厂新的管理模式；

(2) 强化了专业技术水平；

(3) 减低生产成本；

(4) 实现信息共享。

5.5 数字健康

依托医疗行业巨大的市场机遇，无线传感器网络有望成为远程医疗行业又一个重要前沿。无线传感器网络能够使医疗设备在移动性、连续性、实时性方面做到更好，以满足远程医疗门诊管理解决方案。可以用于及时监测相关诊断信息。通过无线网的普及，提高效率、节省医院人手和提高医疗服务质量。

"数字健康"（e-Health）也称为数字医疗。近十几年来，欧美等发达国家一直致力于推行"数字健康计划"。世界卫生组织认为，数字健康是先进的信息技术在健康及健康相关领域，如医疗保健、医院管理、健康监控、医学教育与培训中一种有效的应用。维基百科认为，数字健康不仅仅是一种技术的发展与应用，它是医学信息学、公共卫生与商业运行模式结合的产物。数字健康技术的发展对推动医学信息学与数字健康产业的发展具有重要的意义，而无线传感器网络技术可以将医院管理、医疗保健、健康监控、医学教育与培训连接成一个有机的整体。

5.5.1 医院管理信息化的研究与发展

5.5.1.1 医院管理信息化发展的背景

随着信息技术的快速发展，国内越来越多的医院正加速实施基于信息化平台、医院信息系统的整体建设，以提高医院的服务水平与核心竞争力。信息化不仅能有效提升医生的工作效率，使医生有更多的时间为患者服务，更提高了患者满意度和信任度，无形之中树立起医院的科技形象。因此，医疗业务应用与基础网络平台的逐步融合正成为国内医院，尤其是大中型医院信息化发展的新方向。

随着我国市场经济体系的建立和全国医疗保险机制的实施，医疗卫生系统面临着内、外部环境的变化，一些制约医疗卫生事业发展的深层次矛盾和问题日益显现。尤其是在实行医疗保险之后，一个享受医疗保险的患者应该可以根据病情的需要，决定就近在社区医院就诊，或者是到本市或其他城市的专科医院就诊；病历、X光片、B超或其他检查的影像资料可以直接从计算机网络调用和共享；就诊费用通过医保网络，实现在线结算；疑难病症可以通过网络视频会议系统，组织分布在不同城市的专家进行会诊。医疗卫生系统要适应形势的变化，唯一的出路是：改革医疗卫生体制，加速推进医疗卫生信息化。推进医疗卫生信息化的目的是在先进的信息技术的支持下，充分利用有限的卫生医疗资源，提供优质的医疗服务；提高医疗卫生管理水平，降低医疗成本，满足广大群众基本的医疗服务的要求。

医疗卫生信息化包括医院管理、社区卫生管理、卫生监督、疾病管理、妇幼保健管理、远程医疗与远程医学教育等领域的信息化。而医院信息系统是整个医疗卫生信息化的基础与重要组成部分。

5.5.1.2　医院信息系统的基本结构

医院信息系统（Hospital Information System，HIS）是现代化医院运营必要的技术支撑环境和基础设施。HIS是以病人的基本信息、医疗经费与物资管理为主线，通过覆盖全院所有医疗、护理与医疗技术科室的管理信息系统，同时接入互联网实现远程医疗、在线医疗咨询与预约服务。HIS由医院计算机网络与运行在计算机网络上的HIS软件系统组成。

HIS软件一般是由以下几个子系统组成：

（1）门诊管理子系统，功能主要包括：患者身份登记、挂号与预约、电子病历与病案流通管理、门诊收费与门诊业务管理。

（2）住院管理子系统，功能主要包括：住院登记、病案编目、医务管理。

（3）病房管理子系统，功能主要包括：病人入住、出院与转院管理，以及护士工作站与医生工作站管理。

（4）费用管理子系统，功能主要包括：收费价格管理、住院收费、收费账目管理与成本核算。

（5）血库管理子系统，功能主要包括：用血管理、血源管理、血库科室管理。

（6）药品管理子系统，功能主要包括：药库管理、制剂室管理、临床药房管理、门诊药房管理、药品查询管理与合理用药咨询。

（7）手术室管理子系统，功能主要包括：手术预约、手术登记与麻醉信息管理。

（8）器材管理子系统，功能主要包括：医疗器材管理、低值易耗品库房管理、消毒供应室管理。

（9）检验管理子系统，功能主要包括：检验处理记录管理、检验科室管理与检验仪器设备管理。

（10）检查管理子系统，功能主要包括：检查申请预约管理、检查报告管理、检查科室管理。

（11）患者咨询管理子系统，功能主要包括：医院特色科室与主要医疗专家介绍、接受患者或家属通过互联网的在线医疗咨询或提供电话咨询、接受患者预约服务。

（12）远程医疗子系统，功能主要包括：通过互联网实现多个医院的专家在线会诊、在线手术指导与教学培训服务。

5.5.1.3 HIS 的基本功能

从以上的讨论可以看出，HIS 主要功能包括医疗信息服务、医院事务管理，以及在线医疗咨询预约、远程医疗培训与远程医疗服务。

（1）医疗信息服务功能。该功能主要表现在辅助决策、信息统计和分析、医疗服务质量管理。

从辅助决策的角度看，医院的每一项工作都是为了以最高的工作效率，为患者提供最优质的服务。HIS 能够帮助医院的管理者迅速、准确地获得门诊病人的数量、病床使用率、危重病人情况、手术的数量与类型、药品储备情况、患者反馈的意见，以及医生与护士的情况等，为医院管理的科学决策提供可靠的依据。

从信息统计和分析的角度，HIS 能够准确地统计和分析当日或当月的医疗数据、病人信息、病种分析、流行病病人就诊与治疗，以及医院经费状况。医院管理人员、科室负责人与医生可以方便地查询某一时段、某一类的医疗数据、病人信息、病种医疗过程分析，以及药物治疗效果分析，为医疗、科研、教学服务。

从卫生经济管理的角度，HIS 记录了患者医疗活动与相应的医疗费用。通过对医疗费用的分析，可以查询单病种平均治疗费用和人均治疗费用，以及各种费用的构成比例，为合理调整医疗费用，提高医疗服务质量提供重要的依据。

（2）医院事务管理功能。HIS 包括了门诊管理、病房管理、药品管理、经费管理功能。门诊管理覆盖了患者从挂号、就诊、划价、收费、取药的全过程。病房管理覆盖了病人从入院、医生下达检查与治疗医嘱、手术及术后恢复到出院的全过程。药品管理覆盖了从制订采购计划管理、仓储药品管理、发放药品的数量、品种、财务管理，以及库存管理与有效期管理的全过程。经费管理覆盖了收费账目管理、自动分类记账与转账管理、价格管理、凭证生成与成本核算管理的全过程。

（3）在线医疗咨询预约、远程医疗培训与远程医疗服务功能。医疗信息服务与医院事务管理主要针对医院内部的管理，而在线医疗咨询预约、远程医疗培训与远程医疗服务涉及外部潜在的就诊人员，以及基于互联网的远程医疗培训与远程医疗服务。HIS 网站通过互联网向社会发布医院专业特色与主要医学专家信息，接受患者及其家属通过互联网或电话的医疗咨询、预约。随着信息技术在医疗卫生领域应用的深入，一些具有优质医疗服务资源的医院将通过 HIS 与其他医院联合开展远程医疗诊断、手术会商和指导服务，以及远程医疗、远程医疗教学与培训服务等。

5.5.1.4　HIS 与医疗保险信息系统的关系

推进 HIS 建设的动力除了提高医疗服务质量、降低医疗费用之外，国家与保险公司对参加医保的患者采用医疗费用预付款的方式，使得医疗保险信息系统必须依靠 HIS 提供的数据，进行账目结算。同时，医疗保险信息系统可以利用 HIS 提供的数据开展医疗服务质量分析与监控、医疗费用控制与效益分析、医疗保险需求与计划评估、医疗保险滥用及欺诈行为预警和控制等活动。

因此，HIS 是构成社会医疗保险信息系统的基础，HIS 的水平与提高全民健康水平和生活质量直接相关。

5.5.1.5　无线传感器网络在医院管理中的应用

目前，国内大多数医院都采用传统的固定组网方式和各科室相对比较独立的信息管理系统，信息点固定、功能单一等特点，严重制约了 HIS 发挥更大的作用。如何利用计算机网络更有效地提高管理人员、医生、护士及相关部门的协调运作，是当前医院需要考虑的问题。无线传感器网络技术在医院的应用可以更加有效地协调相关部门有序工作，以提高管理人员、医生和护士的工作效率，提高医院整体信息化水平和服务能力。

无线传感器网络在医院信息化建设中的主要应用包括查房、重症监护、人员定位以及无线上网等信息化服务。在传统工作模式下，医生或护士需要随身携带一大堆病历本，并以手写方式记录医嘱信息。这样既不利于查房效率的提高，也容易因录入和识别而产生误差。通过无线传感器网络，医生可以通过随身携带的具有无线上网功能的 PDA，更加准确、及时、全面地了解患者的详细信息，使患者也能够得到及时、准确的诊治。

通过无线视频监控系统，医生和护士可以对病房进行有效的实时监控，使医生或患者家属时刻掌握重症监护室（ICU 病房）病人治疗情况。鉴于医疗场所以及工作业务的特殊性，医院需要对病人位置、药品以及医用垃圾进行跟踪。确定病人位置可保证病人在出现病情突发的情况下能够得到及时抢救治疗；药品跟踪可使药品使用和库存管理更加规范，防止缺货以及方便药品召回；定位医用垃圾的目的是明确医院和运输公司的责任，防止违法倾倒医疗垃圾，造成医院环境污染。无线传感器网络的应用将为这些工作提供快速、准确的服务。医生和护士通过无线传感器网络可以随时跟踪和掌握带有 RFID 腕带的病人的生理状况。

（1）身份确认系统。病人身份确认是指医务人员在医疗活动中对病人的身份进行查对、核实，以确保正确的治疗用于正确的病人的过程。病人身份的准确辨认是保证医疗护理安全的前提，正确的病人身份识别是医疗安全的保障。特别紧急的，为了能对病人进行快速身份确认，完成入院登记并进行急救，医务部门迫切需要确定伤者的详细资料，包括姓名、年龄、血型、亲属姓名、紧急联系电话、既往病史等。

RFID 标签具有体积小、容量大、寿命长、可重复使用等特点，可支持快速读写、非可视识别、移动识别、多目标识别、定位及长期跟踪管理，这些特点促进 RFID 技术在解决医院就诊过程中患者身份识别的问题上得到进一步的应用。

（2）一卡通，就诊卡。数字化医院管理一卡通是智能卡在医院的综合应用，它涵盖员工、病人在医院工作生活的方方面面，包括人员信息管理、门/急诊管理、住院管理、消费/订餐管理、公寓管理等方面，既是持卡人信息管理的载体，也是医院后勤服务的重要设施。由于它和医院的日常管理和生活息息相关，相比其他管理信息系统，通过"医院管理一卡通"建设的成功，更能直接体现医院优越的管理素质，更能让员工、病人、病人亲属和外来访客们感受到贴心的关怀。

卫生领域 IC 卡及 RFID 技术下一阶段的应用发展，是与银行、社保等部门联合开展医疗就诊卡的通用模式与标准研究；加强医疗行业与银行等部门、行业的联合，建立区域间的协调互动机制；推进集个人 ID 信息、社保、医保、医疗、旅游、交通、购物消费、金融等服务于一体的"一卡通"产品应用，并推广大容量智能卡在卫生领域的应用，在卡片内记录诊疗记录，取代传统的病历本。将 RFID 智能标签置于"医疗保健卡"的卡片上，标签可以记载救诊病人自身完整的救诊记录。任何医生或者其他医护人员都能够即时读取、存储关键的病历信息。这样，可促使个人无论在哪里都能够得到良好的照顾与精确的诊断。

（3）无线医疗监护。医疗监护是对人体生理和病理状态进行检测和监视，它能够实时、连续、长时间地监测病人的重要生命特征参数，并将这些生理参数传送给医生，医生根据检测结果对病人进行相应的诊疗。它在危重病人的监护、伤病人员的抢救、慢性病患者和老年患者的监护以及运动员身体活动的检测等领域发挥着重要的作用。

用于病房呼叫系统的无线通信的优势主要体现在以下几个方面：

1）实时监护。在医院的实际情况中，重病患者随时都可能发生病变，因此需要呼叫系统具备实时监护的功能。无线技术就完全满足这种实时在线监护的需求。不管病人在医院的哪个角落，出现突发性病变时，就可以通过佩戴在病人身上的无线呼叫器，将自动结果检测结果发到医院急救中心，使患者能够得到及时的救助，保障了病人的生命安全。

2）低成本。要想实现医院的无线呼叫系统，需要组建一个可以覆盖医院整体建筑面积的网络，还需在每个病人身上佩戴一个无线呼叫器。所以，建设费用是相当高的。使用无线传感器网络技术一次性投入成本非常低，运行成本几乎没有。

3）组网的灵活性。网络的大小是根据病人的多少决定的，所以系统的组网必须灵活性强。当病人的数量增加或减少时，无线网络也能灵活的增加或减少呼叫器，而无须进行繁杂的参数设定工作。

4）低功耗。由于无线呼叫模块是佩戴在患者身上的，所以采用有线的供电方式是不大现实的。而采用电池供电就要求呼叫器具有低功耗的优点，这样才能确保及时准确地将病人的情况发送到相关部门，体现出虚线呼叫系统的优势。虚线呼叫模块采用纽扣电池供电可以运行 2 年左右，极大地满足了系统对于低功耗方面的要求。

5）网络容量大。一个无线传感器网络可以容纳最多 254 个网络节点和一个网络协调器，一个区域内可以同时存在 200 多个无线传感器网络。这无疑给医院将来的发展和扩大带来了极大地方便。

（4）药品供应链管理。在药品的流通过程中存在着不少问题，如在医药供应链上，药品在流通过程中由于周围环境的变化（如温度、湿度、光照、压力等）会导致药品质量发生改变甚至完全失效，在药品流通环节中也有可能混入大量的假药，如果不能做到有效的监控，将会产生极大的危害。此外，流通成本管理，对于药品流通中的成本变动，一个主要的原因是流通环节频繁发生的串货、退货现象，如果我们不能对纷繁复杂流通渠道中的药品流向进行及时、准确的追踪，一旦发生这种现象，就会大幅度增加药品流通成本。

无线传感器网络技术可以通过对流通过程中单个药品唯一的身份进行标识及追踪，从而达到对药品信息及时、准确地采集与共享，为有效地解决我国医药流通中存在的安全、成本和管理等问题提供新的思路。同时还可以结合 ERP 系统，在生产过程实时数据采集系统上，采用以 RFID 标签作为索引的方式，对所有无法进行实时采集和健康的药品原材料、中间品、半成品和成品的属性进行生产全过程的自动监控，解决了许多因条形码局限性而不便应用在洁净车间和易受潮、易磨损，需暗设、数据需修改等问题。

1）系统功能：

①区域药品统筹分配；

②避免药品供应中断；

③避免药品过期浪费；

④合理用药辅助决策；

⑤药品质量安全监督。

2）系统优势：

①条码管理，可追溯每盒药品从采购到病人使用的完整过程；

②移动药品供应链、移动药库药房管理，操作更准确、更便捷；

③区域化药品资源库，为基层医生处方提供合理建议；

④自动化的"三查七对"，降低药师工作强度，减少出错几率；

⑤满足区域化药品管理要求，对医院药库药房提供移动服务支持。

（5）血液管理。血液管理业务的一般流程为献血登记、体检、血样检测、采血、血液入库、在库管理（成分处理等）、血液出库、医院供患者使用（或制成其他血液制品）。在这一过程中，常常涉及大量的数据信息，包括献血者的资料、血液类型、采血时间、地点、经手人等。大量的信息给血液的管理带来了一定的困难，又加上血液是一种非常容易变质的物质，如果环境条件不适宜，血液的品质即遭破坏，所以血液在存储和运输途中，质量的实时监控也十分关键。RFID 与传感技术便是能解决以上问题、有效助力血液管理的新兴技术。

将 RFID 与传感技术融合起来，运用既能提高识别效率、实现信息跟踪，又能实时监控物品质量的 RFID 传感器标签，便能够真正实现血液管理的智能信息化。

（6）医疗垃圾处理。信息技术的发展使医疗废物实时监管统一平台的建立成为可能，而服务和监管方式的新革命来自射频识别技术（RFID）、卫星定位技术的发展。随着信息系统的普及化与信息化水平的提高，医院和专业废物处理公司的信息处理能力已大幅提高，推广医疗废物的电子标签化管理、电子联单、电子监控和在线监测等信息管理技术，实现传统人工处理向现代智能管理的新跨越已具备良好的技术基础。以 GPS 技术结合 GPRS 技术实现可视化医疗废物运输管理和实时定位为基础的高速、高效的信息网络平台和 EDI 等为骨干技术的医疗废物 RFID 监控系统，将为环保部门实现医疗废物处理过程的全程监管提供了基础的信息支持和保障。

系统主要特点：

1）方便性：全电子化的数据集中管理，大量的数据查询工作由服务器来完成，节省了大量的人力，提高了效率。

2）数据安全性：采用新一代 RFID 电子标签，该电子标签是专为不同使用场合而设计的，识别响应时间快，平均故障发生率低，确保识别环节的安全性、及时性及稳定性；另外，采用的高性能及高容错的系统服务器，以确保服务器的高稳定性、安全性及网络的传输速度，从而实现系统的实时传输，保证了信息的及时性。

3）提高管理水平：集中管理、分布式控制；规范废物收运环节的监督管理，监督各个必要的环节，使得突发事件在第一时间可以到达管理高层，让事件得到及时的处理。

4）可扩展性：考虑到将来的发展趋势及信息化在区域废物危险品管理上的推动，系统提供有丰富的数据接口，根据需要可提供相应的数据给环保局。

5.5.2　远程医疗技术的研究与发展

5.5.2.1　远程医疗的基本概念

远程医疗（Telemedicine）是一项全新的医疗服务模式。它将医疗技术与计算机技术、多媒体技术、互联网技术相结合，以提高诊断与医疗水平，降低医疗开支，满足广大人民群众健康与医疗的需求。广义的远程医疗包括：远程诊断、远程会诊、远程手术、远程护理、远程医疗教学与培训。

目前，基于互联网的远程医疗系统已经将初期的电视监护、电话远程诊断技术发展到利用高速网络实现实时图像与语音的交互，实现专家与病人、专家与医务人员之间的异地会诊，使病人在原地、原医院即可接受多个地方专家的会诊，并在其指导下进行治疗和护理。同时，远程医疗可以使身处偏僻地区和没有良好医疗条件（例如：农村、山区、野外勘测地、空中、海上、战场等）的患者，也能获得良好的诊断和治疗。远程医疗共享宝贵的专家知识和医疗资源，可以大大地提高医疗水平，必将为保障人民群众健康发挥重要的作用。我国幅员辽阔，但是东西部以及城乡医疗资源严重不平衡，因此发展远程医疗服务具有特殊的意义。

5.5.2.2　远程医疗技术研究的发展

远程医疗在发达国家发展得比较早。最早的远程医疗服务主要是针对远洋船员与乘客紧急医疗救助的无线电台服务，这种服务已经持续了几十年。回顾国际上对于远程医疗的研究与应用的历史，远程医疗技术的发展大致可以分为三个阶段。

（1）第一代远程医疗技术：基于电视双向传输的远程医疗技术。20世纪50年代末到60年代末出现的基于电视双向传输的交互式远程医疗技术开始应用于临床之中。典型的应用研究项目是1964年由美国国家心理健康研究所资助的有关精神病患者医疗应用项目。这个项目选择了相距112英里的Nebraska精神病院与Norfolk州立医院，在它们之间建立了闭路电视，针对精神病诊断与治疗咨询与入院管理的应用，研究了通过闭路电视视频装置与微波链路传输医学诊断图像信息的可行性。1967年美国公共卫生服务部门又资助了麻省总医院到波士顿

Logan 国际机场的第二个闭路电视系统，用于研究远程放射学、远程听诊、远程会诊、精神与皮肤状态分析的诊断可靠性问题。

（2）第二代远程医疗技术：基于卫星通信网和综合业务数字网的远程医疗技术。1988 年到 1997 年，远程医疗方面的文献数量呈几何级数增长。在远程医疗系统的实施过程中，美国和欧洲国家发展最快，他们将卫星通信网与综合业务数字网（ISDN）用于远程会诊、远程医疗咨询、医学图像传输和军事医学方面，形成了第二代远程医疗技术。

欧洲组织 3 个生物医学工程实验室、10 个大公司、20 个病理学实验室和 120 个终端用户参加的大规模远程医疗系统推广实验，推动了远程医疗的普及。澳大利亚、南非、日本、中国等国家和地区也相继开展各种形式的远程医疗活动。1988 年 12 月，俄罗斯亚美尼亚共和国发生强烈地震，在美苏太空生理联合工作组的支持下，美国国家宇航局首次进行国际间远程医疗，使亚美尼亚的一家医院与美国四家医院联通会诊。不久，这套系统又一次在俄罗斯一次重大的火车事故处理中发挥了重要的作用。这些应用表明，远程医疗技术可以跨越国际间政治、文化、社会经济的界限，为更多的民众服务。

（3）第三代远程医疗技术：基于互联网的远程医疗技术。1997 年之后发展的基于互联网的远程医疗技术都属于第三代远程医疗技术。其重要特征是在互联网基础上，全面地将信息技术与医疗技术结合起来，出现了很多非常有研究价值的应用实例。

美国乔治亚州医学院的远程医学系统已经建立了包括 2 个二级医学中心、9 个综合性三级医学中心和 41 个远程结点，覆盖医学中心与州内乡村医院、诊所的远程医疗体系，使得患者不需要到城市去，就能够通过互联网建立的双向视频通道，接受与城市大医院相同的医疗服务。

美国马里兰大学研究的战地远程医疗系统由战地医生、通信设备车、卫星通信网、野战医院和医疗中心组成。每个士兵都佩戴一只简单的医疗设备，能测量出士兵的血压和心率等参数。同时还装有一只 GPS 定位仪，当士兵受伤时，该设备可以帮助医生很快找到他，并通过远程医疗系统及时诊断和治疗。某航空公司正在研究一种在飞行过程中保障飞行员与乘客安全的远程医疗系统，它可以在飞行过程中测试、收集和传输人们的生命信号（例如：心跳、血压、呼吸等），在发现健康问题时，可以通过移动互联网系统发出远程医疗请求，使患者能够及时获得世界各地的医疗服务。

2001 年 7 月 23 日对于远程医疗技术发展是具有重要意义的一天。远程机器人在互联网的支持下辅助外科完成了一例"胃–食道回流病"手术。一位 55 岁的男性病人患有严重的胃–食道回流病，躺在多米尼加共和国一家医院的手术室。主刀医生是世界著名的外科专家 Rosser，他处于数千英里之外的美国康乃迪格州，面对的是远程医疗系统中的一台计算机。手术十分复杂，当地医生经验不足，在手术现场有两台机器人协助——一台是利用语音激活的机器人用以控制手术辅助设备；另一台是控制腹腔镜内摄像机的机器人。由机器人控制摄像机是为了保证从内窥镜获得清晰的图像。耶鲁医学院的两名医生作为 Rosser 的助手在现场协助监督机器人工作。Rosser 利用称为 "Telestrater" 的设备，通过置于病人体内的摄像机观察病人腹部，指挥手术活动。这次远程手术是前瞻性技术展示，也是医学和现代信息技术结合的成功范例，充分体现出基于互联网的医学技术广阔的应用前景。

在印度，如何帮助那些偏远地区和农村病人及时获得专科医生的诊治是印度政府关心的一个问题。21 世纪初，作为一项将网络技术运用于远程教育和远程医疗的庞大计划的一部分，印度空间研究组织（ISRO）联合多家公司发起了远程医疗网项目。ISRO 的远程医疗网由 132 个节点组成，其中包括 101 所医院、29 个医疗机构和 2 辆移动医疗车，目前已覆盖印度卡纳塔克邦、恰蒂斯加尔邦、查谟和克什米尔、安达曼和尼科巴群岛、奥里萨邦等地区，更多的地区如旁遮普邦、古吉拉特邦等要再加入进来。

在我国幅员辽阔、医疗资源不均衡的状态下，发展远程医疗技术更有重要的意义。我国从 20 世纪 80 年代开始了远程医疗的探索。1988 年解放军总医院通过卫星通信系统与德国一家医院进行了神经外科远程病例讨论。1995 年上海教育科研网、上海医大远程会诊项目启动，并成立基于互联网的远程医疗会诊研究室。中国医学科学院北京协和医院、中国医学科学院阜外心血管病医院等全国二十多个省市的数十家医院网站，目前已经为很多例的疑难急重症患者进行了远程、异地、实时、动态电视直播会诊。

5.5.2.3 远程医疗技术的应用范围

远程医疗主要包括以检查诊断为目的的远程医疗诊断系统、以咨询会诊为目的的远程医疗会诊系统、以教学培训为目的的远程医疗教育系统，以及用于家庭病床的远程病床监护系统。远程医疗的应用范围很广泛，通常可用于放射科、病例科、皮肤科、心脏科、内诊镜与神经科等多种病例。远程医疗技术的广泛应用，决定这项技术具有巨大的发展空间。目前，我国一些远程医疗中心通过与合作医院共建"远程医疗中心合作医院"的方式，整合优质资源，构建区域医疗服务体系，帮助基层医院提高医疗水平，带动合作医院的整体发展，为加速医院发展和解决患者就医难问题提供一条有效的解决途径。

美国未来学家阿尔文·托夫科曾经预言："在未来的医疗活动中，医生将面对计算机，根据屏幕上显示的异地病人的各种信息来进行诊断和治疗。"

5.5.3 无线传感器网络在医疗卫生管理中的应用

健康监测主要可用于人体的监护、生理参数的测量等，可以对人体的各种状况进行监控，将数据传送到各种通信终端上。监控的对象不一定是病人，也可以是健康的人。各种传感器可以把测量数据通过无线方式传送到专用的监护仪器或者各种通信终端上，如 PC、手机、PDA 等。我国目前已经进入了老龄化社会，对下一代的健康与安全问题也日益关注，面向老人和儿童的个人健康监护需求将不断扩大。无线传感器网络将为健康的监测控制提供更方便、更快捷的技术实现方法和途径，应用空间十分广阔。例如，在需要护理的中老年人身上，安装特殊用途传感器节点（如心率和血压监测设备），通过无线传感器网络，医生可以随时了解被监护病人的病情，进行及时处理，还可以应用无线传感器网络长时间地收集人的生理数据，这些数据在研制新药品的过程中是非常有用的。

加利福尼亚大学提出了基于无线传感器网络的人体健康监测平台 CustMed，以及可佩戴的传感器节点，节点采用加州大学伯克利分校研制、Crossbow 公司生产的 dot-mote，医生通过 PDA 可以方便、直观地查看人体的情况。

纽约 Stony Brook 大学针对当前社会老龄化的问题提出了监测老年人生理状况的无线传感器网络系统（Health Tracher 2000），除了监测用户的生理信息外，还可以在生命发生危险的情况下及时通报其身体情况和位置信息。节点采用了温度、脉搏、呼吸、血氧水平等多种类型的传感器。

美国南加州 VivoMetrics 健康信息与监测公司研制出嵌入无线传感器节点的"救生衬衫"。这种用于医疗和康复的衬衫穿在身上可以监测和记录血压、脉搏等 30 多种生理参数，并可以通过互联网发给医生。VivoMetrics 公司总裁 Paul Kennedy 说，救生衬衫可以读出你的每一次心跳和你情绪激动的状况，比如你的每一次叹息、每一次吞咽和每一次咳嗽。另外，纽约的 Sensatex 公司正在研制一种称作"智能衬衫"的产品。这种智能衬衫通过嵌入在布中的电光纤维收集生物医学的信息，可以监测心率、心电图、呼吸和血压等多种生理参数。运动员可用智能衬衫监测心率、呼吸和体温以提高训练成绩。甚至还能用它来听 MP3 音乐，麦克风也可以嵌入在衬衫里。消防队员可穿救生衬衫或智能衬衫监测烟吸入量，医生可用这种服装监测离开医院的患者。智能衬衫将收集到的信息传送到衬衫下面的发射器中，存储在芯片里或者通过无线网络发送给你的医生、教练或服务器。

5.6 防灾救灾

5.6.1 数字减灾的基本概念

党中央、国务院高度重视防灾救灾工作，相继出台了《国际自然灾害救助应急预案》《国家综合减灾"十一五"规划》。2008 年 6 月，胡锦涛在中国科学院第十四次院士大会与中国工程院第九次院士大会上强调："必须把自然灾害预报、防灾救灾工作作为关系经济和社会发展全局的一项重大工作进一步抓紧抓好；要加强自然灾害监测与预警能力建设，构建自然灾害立体监测体系。"2009 年 3月，温家宝在第十一届全国人大第二次会议上所作的政府工作报告中指出："加强防灾救灾基础研究和能力建设"。

数字减灾是以数字地球为主要技术支撑，利用计算机技术、互联网技术、智能技术、虚拟现实技术、可视化技术为工具，研究物理模型、数学仿真和实地监测方法，模拟灾害发生、传播的全过程，为研究灾害形成及防御措施，同时为防灾救灾的决策提供科学依据。

5.6.2　我国数字减灾的工作基础

2007 年 8 月 14 日国务院办公厅正式颁布了《国家综合减灾"十一五"规划》。规划中在关于减灾科学支撑方面明确提出：依托环境与灾害监测预报小卫星星座"2+1"阶段卫星与地面应用系统，紧密结合国家高分辨率对地观测系统等工程计划，开展后续卫星需求论证工作；积极促进稳定高效的国家灾害监测能力的形成，充分利用已有的各类军、民用遥感卫星数据，综合利用国内外航空航天遥感资源，优势互补，通过国家、区域、省级应用网络体系，实现具备灾害监测预警、动态评估、决策支持和产品服务等能力的灾害遥感业务运行系统，实现"天-空-地"一体化的空间技术减灾服务能力；同时，继续推动导航定位卫星在减灾领域的应用，逐步建立航天航空遥感、卫星通信、卫星导航和地面应用与网络系统构成的国家减灾体系。

当前，从国家到地方都十分重视数字减灾工作，防灾救灾与应急处置能力得到明显地提高，并在"5.12 汶川大地震""4.14 玉树大地震"中得到了很好的检验。为了全面加强综合减灾能力，我国自行研制了"环境与灾害监测预报小卫星星座系统"；为了充分发挥灾害监测预报小卫星星座系统的作用，在国家减灾委与民政部牵头和组织下，开展了灾害监测预报小卫星星座系统应用系统的研究工作；研究构建小核心、大覆盖的"无人飞机应急监测与快速响应支持系统"；组建"国家灾害应急通信保障平台"。

在防灾救灾基础研究方面，我国科学家开展了中国陆地构造环境监测网络（陆态网络）的建设工作。陆态网络的建设旨在为地球科学的研究与应用提供从几千米到百万米、从地表到高空的地球动态演化信息，推动各种尺度地球物理现象的认识及其机理的研究，探索我国陆地构造环境变化规律，及其对资源、环境、自然灾害的影响，推动自然灾害预测水平的提高。同时，我国科学家正在开展数字灾害模型、灾害风险、灾情与恢复重建评估的研究，以及数字减灾的标准与政策法规的研究工作。

5.6.3 无线传感器网络在防灾救灾与应急处置中的应用

我国是滑坡与泥石流多发国家。边坡的稳态决定人类生存条件与环境，边坡的变形与失稳是对人类的直接性灾害。自然因素如地震、降雨洪水，人为因素如土地开发、森林滥伐都是造成边坡变形、失稳的直接因素，边坡由于受到这两个主要因素的影响，越来越频繁发生崩滑、泥石流等灾害事件。国内外科学家都在致力于无线传感器网络在滑坡与泥石流监测及应急处置中的应用。

如果我们在重点监控的区域，如山体、公路的边坡安放一定数量的无线传感器节点，这些节点按自组织方式形成无线传感器网络，那么这些节点的传感器就可以定时或到测量值超过预定值范围时，立即将山体、边坡的数据由汇聚节点汇总，然后通过卫星通信信道发送到控制中心。控制中心可以随时掌握山体与边坡的状态信息，当出现滑坡与泥石流危险时，系统会发出警报，工作人员立即启动应急预案进行处置。

我国正处在基础设施建设的高峰期，各类大型工程的安全施工及监控是建筑设计单位长期关注的问题。采用无线传感器网络，选择适当的传感器，例如：压力传感器、加速度传感器、超声传感器、湿度传感器等，可以有效地构建一个三维立体的防护检测网络。该系统可用于监测桥梁、高架桥、高速公路等道路环境。对许多老旧的桥梁，桥墩长期受到水流的冲刷，可以在桥墩底部放置传感器用以感测桥墩结构；也可放置在桥梁两侧或底部，搜集桥梁的温度、湿度、震动幅度、桥墩被侵蚀程度等，以减少断桥所造成生命财产的损失。

2003年，哈工大欧进萍院士的课题组开发了一种用于海洋平台和其他土木工程结构健康监测的无线传感器网络。利用多种智能传感器，如光纤光栅传感器、压电薄膜传感器、形状记忆合金传感器、疲劳寿命丝传感器、加速度传感器等进行建筑结构的监测。课题组应用无线传感器网络，针对超高层建筑的动态测试开发了一种新型系统，并应用到深圳地王大厦的环境噪声和加速度响应测试。地王大厦高81层，桅杆顶高384m，在现场测试中，将无线传感器沿大厦竖向布置在结构的外表面，系统成功测得了环境噪声沿建筑高度的分布以及结构的风致震动加速度响应。

5.6.4 无线传感器网络在边坡形变预测中的应用

利用智能方法对边坡形变进行预测，进而对矿区安全进行评估近年来成为研究的热点。针对边坡形变数据小样本、贫信息、高非线性等特点，本节将灰色理论与神经网络方法相结合构建灰色神经网络，充分利用灰色模型处理小样本和神经网络处理非线性的能力，对矿区边坡形变进行预测。实验分析表明，利用灰色神经网络进行形变预测是正确有效的，预测精度取得了较好的效果。

5.6.4.1　概述

长期以来，矿区安全一直是人们比较关注的问题。由于矿区在开采过程中会对岩层结构造成一定的破坏，导致开采区域边坡产生形变，因此近年来许多专家学者研究通过监测边坡的形变来对矿区的安全等级进行预估。纵观这些研究成果，大多集中在三种方法，即灰色理论、时间序列分析法以及人工神经网络方法。这三种预测方法都有各自的独到之处，灰色模型通过对已知部分小样本数据的生成、开发并提取有价值的信息，实现对系统近期运行规律的正确描述，但是单纯使用灰色理论对数据进行建模，数据点的选择会对误差产生影响，并且由于灰色生成数据对随机成分只起弱化作用，所以灰色模型只能对符合光滑离散函数的序列进行建模，适合于具有较强趋势性数据序列的预报，对数据序列中的周期成分和随机成分则无法进行预测；时间序列分析法可以较好地拟合时间序列中的周期项和趋势项，能够体现周期性和一般规律性，但是对于数据列中的随机扰动项却无能为力，从而导致部分时间段上的误差较大，并且该方法对以往历史数据的依赖性较大，因此预测的精度会随着时间的增长而下降；人工神经网络具有较强的解决非线性问题的能力，但神经网络方法预测通常需要较大的样本量，虽然具有局部逼近网络的优点，但是模型对预测结果没有作一定的检验，并且由于实际问题的复杂性，训练网络时很难做到令事先获得的训练样本覆盖可能具有的全部特征模式，因此预测模型的泛化能力较差。

从以往的经验可知，可以获得的用于建模的形变数据数量有限，而且其中的有效数据更是不多，属于典型的小样本、贫信息建模问题。同时，这些形变数据不具有周期性，随机成分较多，单独运用某一种预测方法很难做到能够全面地反映出形变系统的变化规律，预测精度有限，很难取得令人满意的预测成果。根据形变数据的特点，并结合各预测方法的优缺点本文选择将灰色理论与神经网络相结合，构建灰色神经网络来对边坡形变进行预测。除此以外，以往的研究大多采用单纯对历史形变数据进行分析，将这些数据看成是一系列时间序列数据，通过研究规律建模进行预测。这种方式的最大缺点就是预测仅仅依据历史数据，对于与环境变化有关的因素以及未来可能的影响因素考虑较少。因此，本节将形变的历史数据与环境数据同时用于建模，提高模型的预测精度和适应能力。

5.6.4.2　灰色理论

灰色理论是一种研究少数据、贫信息、不确定性问题的新方法。该理论强调通过对无规律系统已知信息的研究，提炼和挖掘有价值的信息，进而用已知信息去解释未知信息，使系统不断"白化"。灰色模型简称 GM 模型，该模型的构建过程为：首先对原始数据进行检验，包括非负性处理等。然后对原始数据序列做一次累加，使累加后的数据呈现一定的规律性，然后用典型曲线拟合该曲线。设有时间数据序列 $x^{(0)}$：

$$x^{(0)} = (x_1^{(0)}, x_2^{(0)}, \cdots, x_n^{(0)}) \tag{5-1}$$

对 $x^{(0)}$ 做一次累加得到新的数据序列 $x^{(1)}$：

$$x^{(1)} = (x_1^{(0)}, \sum_{t=1}^{1} x_t^{(0)}, \sum_{t=1}^{2} x_t^{(0)}, \cdots, \sum_{t=1}^{n} x_t^{(0)}) \tag{5-2}$$

根据新的数据序列 $x^{(1)}$，建立白化方程，即：

$$\frac{\mathrm{d}x^{(1)}}{\mathrm{d}t} + ax^{(1)} = u \tag{5-3}$$

该方程的解为：

$$x_t^{*(1)} = (x_1^{(0)} - u/a)e^{-a(t-1)} + u/a \tag{5-4}$$

式中，$x_t^{*(1)}$ 为 $x_t^{(1)}$ 序列的估计值，对 $x_t^{*(1)}$ 做一次累减得到 $x_t^{(0)}$ 的预测值 $x_t^{*(0)}$，即：

$$x_t^{*(0)} = x_t^{*(1)} - x_{t-1}^{*(1)} \quad (t = 2, 3, \cdots) \tag{5-5}$$

5.6.4.3　BP 神经网络

BP（Back Propagation）神经网络全称是基于误差反向传播算法的人工神经网络，由信息的正向传播和误差的反向传播两个过程组成。输入层各神经元负责接收来自外界的输入信息，并传递给中间层各神经元；中间层是内部信息处理层，负责信息变换，根据信息变化能力的需求，中间层可以设计为单隐层或者多隐层结构；最后一个隐层传递到输出层各神经元的信息，经进一步处理后，完成一次学习的正向传播处理过程，由输出层向外界输出信息处理结果。当实际输出与期望输出不符时，进入误差的反向传播阶段。误差通过输出层，按误差梯度下降的方式修正各层权值，向隐层、输入层逐层反传。一直进行到网络输出的误差减少到可以接受的程度，或者预先设定的学习次数为止。

BP 神经网络的一个重要缺陷就是网络对于训练数据的依赖较大，因此为了满足预测精度和泛化能力，需要提供足够多的数据样本用于训练网络。显然，这对于很多实际工程问题是很难做到的。

5.6.4.4　灰色神经网络

灰色理论善于处理小样本、贫信息问题，而神经网络则对复杂非线性映射问题比较有优势，将这两种方法结合构建灰色神经网络，可以很好地对边坡形变进行预测，同时这两种方法可以互相弥补各自的缺陷。

为了方便表示，将原始序列 $x_t^{(0)}$ 用 $x(t)$ 表示，一次累加生成后得到的数列 $x_t^{(1)}$ 用 $y(t)$ 表示，预测结果 $x_t^{*(1)}$ 用 $z(t)$ 表示。则 n 个参数的灰色神经网络模型的微分方程表达式为：

$$\frac{\mathrm{d}y_1}{\mathrm{d}t} + ay_1 = b_1 y_2 + b_2 y_3 + \cdots + b_{n-1} y_n \tag{5-6}$$

式中，y_2、y_3、…、y_n 为系统输入参数；y_1 为系统输出参数；a、b_1、b_2、…、b_n 为微分方程系数。

式 (5-6) 的时间响应式为：

$$z(t) = \left[y_1(0) - \frac{b_1}{a} y_2(t) - \frac{b_2}{a} y_3(t) - \cdots - \frac{b_{n-1}}{a} y_n(t) \right] e^{-at} +$$

$$\frac{b_1}{a} y_2(t) + \frac{b_2}{a} y_3(t) + \cdots + \frac{b_{n-1}}{a} y_n(t) \tag{5-7}$$

令：

$$d = \frac{b_1}{a} y_2(t) + \frac{b_2}{a} y_3(t) + \cdots + \frac{b_{n-1}}{a} y_n(t) \tag{5-8}$$

则式 (5-7) 可以转化为：

$$z(t) = \left[(y_1(0) - d) - y_1(0) \times \frac{1}{1 + e^{-at}} + 2d \times \frac{1}{1 + e^{-at}} \right] \times (1 + e^{-at}) \tag{5-9}$$

将变换后的式 (5-9) 映射到一个扩展的 BP 神经网络中就得到 n 个输入参数，1 个输出参数的灰色神经网络，网络拓扑结构如图 5-1 所示。

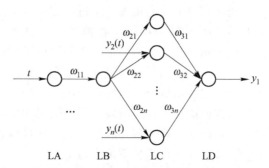

图 5-1 灰色神经网络拓扑结构

t—输入参数序号；$y_2(t)$，…，$y_n(t)$—网络输入参数；
ω_{21}，ω_{22}，…，ω_{2n} 和 ω_{31}，ω_{32}，…，ω_{3n}—网络权值；
y_1—网络预测输出值；LA，LB，LC，LD—网络的四个层

5.6.4.5 实验结果分析

本实验完成的是对某矿区边坡形变的预测。共选取了 5 个监测点，并且这 5 个监测点分布在一条线上，这样更有利于客观的分析形变所导致的安全隐患。监测数据是利用边坡扫描雷达采集，该雷达上还集成有气象传感模块。每一个监测点都收集了 7 天内不同时间点测得的共 150 组数据，包括三维坐标数据和当时的

气象数据。其中 120 组数据用于训练网络，其余 30 组数据用于测试网络。

下面根据输入/输出数据维数确定网络结构。与以往不同的是，本节不仅仅使用边坡形变的历史数据进行预测，同时还将天气等自然因素考虑进来，共同训练网络。根据各种自然因素对边坡形变的影响程度，本节选取了降雨量、降雨持续时间、温度、相对湿度、气压以及风速共 6 个参数，同时将边坡的历史形变数据也作为一个输入参数，而网络输出只有一个，即当前的边坡形变预测数据。因此，本节所构建的灰色神经网络结构为 1×1×7×1，即 LA 层有 1 个节点，输入为时间序列；LB 层只有 1 个节点；LC 层有 7 个节点，从第 2 个到第 7 个分别输入降雨量、雨持续、温度、相对湿度、气压、风速以及边坡的形变数据；LD 层有 1 个节点为网络输出。

下面进行数据预处理和权值/阈值初始化。首先，能够采集获得的是包含 (x, y, z) 三维的边坡坐标数据，为了使用和表示方便，本节按照 $L=\sqrt{x^2+y^2+z^2}$ 公式将其转化为实际的位置数据，并将其与基准位置做差，作为当前时刻的形变数据，用于训练和测试网络。其次，多种自然因素以及形变数据的量纲有很大区别，为了更有效地训练网络，本节对输入数据进行了归一化处理。对于网络初始权值，令 $\dfrac{2b_1}{a}=u_1$、$\dfrac{2b_2}{a}=u_2$、$\cdots$、$\dfrac{2b_{n-1}}{a}=u_{n-1}$，则网络初始权值可表示为：

$$\omega_{11} = 0$$
$$\omega_{21} = -y_1(0), \ \omega_{22} = u_1, \ \omega_{23} = u_2, \ \cdots, \ \omega_{2n} = u_{n-1}$$
$$\omega_{31} = \omega_{32} = \omega_{3n} = 1 + e^{-at} \tag{5-10}$$

LD 层中输出节点的阈值为：

$$\theta = (1 - e^{-at})[d - y_1(0)] \tag{5-11}$$

将所有训练数据处理完成以后，输入网络进行训练，网络进化次数设定为 100，训练结果如图 5-2 所示。

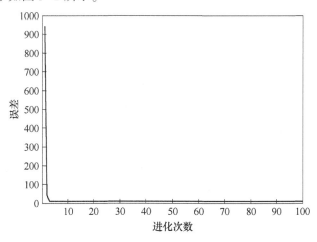

图 5-2　灰色神经网络训练过程

从图 5-2 可以明显看出网络的训练效果很好，很短的时间内就进化达到误差的要求。下面将 5 个监测点的测试数据输入网络进行预测，同时与单独使用灰色模型和 BP 神经网络的预测结果相比较，分别如图 5-3~图 5-7 所示。

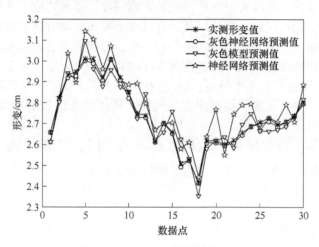

图 5-3 监测点 1 预测结果比较

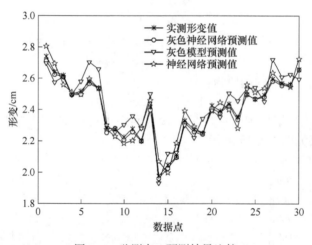

图 5-4 监测点 2 预测结果比较

从各监测点的预测结果图可以明显看出，灰色神经网络具有最高的预测精度，平均误差为 0.023，最大误差为 0.031。而单独采用灰色模型或 BP 神经网络方法进行预测的精度要明显低于灰色神经网络方法，平均误差分别为 0.092 和 0.13，最大误差分别达到了 0.15 和 0.18。另一方面，灰色神经网络的用时要明显少于 BP 神经网络，略高于灰色模型方法，但是对于实际工程应用来说，是完全符合要求的。

本节的另一个创新点是不仅使用形变的历史数据进行建模，同时考虑影响形

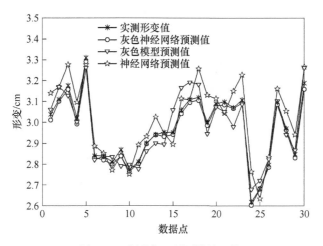

图 5-5　监测点 3 预测结果比较

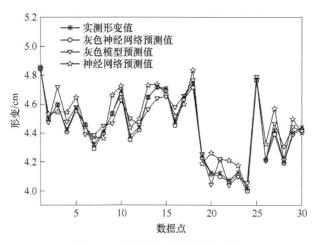

图 5-6　监测点 4 预测结果比较

变的气象因素，为了考察这种方式的优越性，本节还与单独使用形变数据建立的模型进行预测对比，结果如图 5-8 所示。

　　图 5-8 的预测比较结果充分说明，同时使用形变和气象数据建立的模型的预测精度要明显高于单独使用形变数据建立的模型。更为重要的一点是，在预测第 6 个数据点时，由于降雨量和风速的影响，边坡的实际形变量突增，本节的方法因为充分考虑了气象因素，所以预测结果与实际结果非常接近，而单独使用形变数据建立的模型的预测结果与实测结果相差较大，可见气象因素对于形变的影响很大，尤其当在短时期内出现突然的气象变化时，仅依靠形变的历史数据无法给出正确的预测结果。

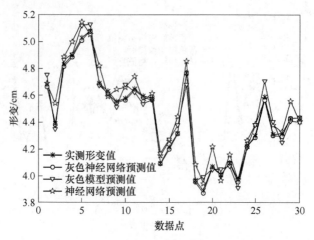

图 5-7　监测点 5 预测结果比较

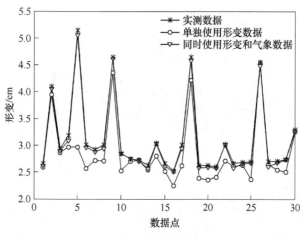

图 5-8　预测结果比较图

5.6.4.6　总结

　　边坡形变是评价矿区安全的一个重要参数，使用智能方法对边坡监测点的形变量进行快速有效的预测，可以在很大程度上节省人力物力，提高矿区安全等级。本节在充分考虑了多种预测方法优缺点的基础上，将灰色模型与 BP 神经网络相结合，充分利用了灰色模型很强的处理小样本、贫信息的能力，以及 BP 神经网络处理复杂非线性的能力。通过对某矿区边坡实测形变数据的实验分析，本节建立的灰色神经网络具有较高的预测精度和较低的工作用时。除此以外，本节还考虑将气象数据和形变历史数据同时用于建模，这在以往的文献中是比较少见的。对比实验表明，这种方式建立的预测模型的适应能力更强，对于气象因素对于边坡形变的影响反应更为及时。总之，本节建立的灰色神经网络可以很好地用于边坡形变预测。

5.7　其他领域

无线传感器网络应用到生产环节，将能够实现更加智能化、针对性的生产管理，使得整个人类社会的生产活动更加环保、智能、安全。无线传感器网络的影响正在逐渐渗透到人类社会的各个产业环节中，为人类的生产活动带来巨大的变革。

资产管理领域：主要用于贵重、危险性大、数量大且相似性高的各类资产管理。

身份识别领域：主要用于电子护照、身份证和学生证等各种电子证件。

食品领域：主要用于水果、蔬菜生长和生鲜食品保鲜等。

电力领域：主要用于自动抄表、应急处理、资产管理、虚拟电网、通信成本、输电线的监控、实时信息沟通等。

矿产领域：主要用于井下环境安全监测、井下人员管理、自动化控制管理等。

石油化工领域：主要用于生产管理、运输线路监控、设备管理、安全管理等。

展览展示领域：主要用于文物环境检测、博物馆智能分析安防、智能展览展示系统等。

地产及建筑领域：主要用于智能供暖、瓦斯报警、智能安防、远程抄表、建筑开发过程的控制管理等。

经过过去几年的技术和市场的培育，无线传感器网络即将进入高速发展期，它是继计算机、互联网与移动通信网之后的又一次信息产业浪潮，是一个全新的技术领域，同时也给 IT 和通信等领域带来了广阔的新市场。

参考文献

[1]　刘志宇，马宝英，姚念民，等. 基于组播通信代价的分簇密钥管理方案［J］. 计算机应用与软件，2015（9）：269~273.

[2]　刘志宇，曹望成，马宝英，等. 基于 ZigBee 与嵌入式 QT 服务器的温室大棚温湿度监测系统［J］. 信息与电脑（理论版），2014（6）：132~133.

[3]　曹望成，刘志宇，邢军，等. 物联网架构与智能信息处理理论的关系分析［J］. 数字通信世界，2018（11）：93.

[4]　王汝传，孙力娟. 无线传感器网络技术及其应用［M］. 北京：人民邮电出版社，2011.

[5]　陈林星. 无线传感器网络技术与应用［M］. 北京：电子工业出版社，2009.